FORSCHUNGSBERICHTE DES LANDES NORDRHEIN-WESTFALEN

Nr. 2337

Herausgegeben im Auftrage des Ministerpräsidenten Heinz Kühn
vom Minister für Wissenschaft und Forschung Johannes Rau

Prof. Dr.-Ing. Friedrich Eichhorn
Dr.-Ing. Jürgen Metzler

Institut für Schweißtechnische Fertigungsverfahren
der Rhein.-Westf. Techn. Hochschule Aachen

Plasmaspritzen von oxidkeramischen Werkstoffen
- Untersuchungen zur Technologie des Verfahrens -

Springer Fachmedien Wiesbaden GmbH 1973

ISBN 978-3-663-19980-9 ISBN 978-3-663-20329-2 (eBook)
DOI 10.1007/978-3-663-20329-2

Ursprünglich erschienen bei Westdeutscher Verlag, Opladen 1973
Gesamtherstellung: Westdeutscher Verlag

Inhalt

Begriffe und Abkürzungen

	Bezeichnung	Dimension
AS	Auftragschicht Keramik	
B	Betrag der magnetischen Induktion	Gauß; Vs/m^2
D	Kathodendurchmesser = 6,2 mm	mm
F	Düsenquerschnitt = Austrittsquerschnitt	mm^2
F_L	Lichtbogenquerschnitt	mm^2
G	Pulverfördermenge	g/min
G_o	Gewicht des leeren Dilatometers	g
G_S	Gewicht des quecksilbergefüllten Dilatometers einschließlich oxidkeramischer Spritzschicht	g
G_W	Gewicht der oxidkeramischen Spritzschicht	g
H	Magnetische Feldstärke	A/m
I	Stromstärke	A
I_M	Magnetisierungsstrom	A
K	Resultierende Kraft	dyn
K_L	Längenbezogene Kraft	dyn/cm
L_z	Länge des Hohlkörpers	mm
N_o	Abschnitt auf der Ordinate	kW
N_{el}	Elektrische Leistungsaufnahme des Plasmaspritzgerätes $N_{el}=N_K+N_{Pl} \mathrel{\hat{=}} N$	kW
N_K	Kühlwasserleistung = an das Kühlwasser abgeführte Leistung	kW
N_{max}	Maximale Leistungsabgabe an das Spulenkühlwasser	kW
N_{Pl}	Plasmastrahlleistung = vom Plasmagas aufgenommene Leistung	kW
Q_A	Aufgetragenes Pulvergewicht	g
Q_E	Eingesetztes Pulvergewicht	g
Q_{FN_2}	Pulverfördergasmenge	Nl/min
Q_{PAr}	Plasmagasmenge Argon	Nl/min
Q_{PN_2}	Plasmagasmenge Stickstoff	Nl/min
$Q_{PAr,\,N_2}$	Zusammensetzung des Argon-Stickstoff-Plasmagases	%
Q_W	Kühlwassermenge	cm^3/s

Re	Reynoldszahl	
R_a	Außendurchmesser des bespritzten Hohlkörpers	mm
R_i	Außendurchmesser des ungespritzten Hohlkörpers	mm
T	Temperatur	^oK, ^oC
T_A	Aufheiztemperatur	^oC
T_a	Temperatur an der Oberfläche der Spritzschicht	^oC
T_i	Temperatur an der Unterseite der Spritzschicht	^oC
T_M	Mittlere Temperatur aus T_a und T_i	^oC
T_m	Mittlere Plasmastrahltemperatur	^oK
TWZ	Anzahl der möglichen Temperaturwechsel	
U	Spannung	V
U_F	Fotodiodensignal	V
U_{ppm}	Mittlere Schwingungsbreite der Spannungsschwankungen = mittlere Schwingungsbreite	V
ΔU_1; ΔU_2	Brückenspannungen = temperaturproportionale Meßwerte	mV
$\overline{U_{ppm}}$; $\overline{\Delta U_1}$; $\overline{\Delta U_2}$	Mittelwerte	V; mV; mV
V_o	Volumen des Dilatometers bis zur Eichmarke O	cm^3
V_G	Volumen der oxidkeramischen Spritzschicht ohne Poren	cm^3
V_K	Gesamtes Volumen der oxidkeramischen Spritzschicht	cm^3
V_P	Gesamtes Porenvolumen der oxidkeramischen Spritzschicht	cm^3
V_S	Spezifisches Porenvolumen der oxidkeramischen Spritzschicht $V_S = \frac{V_P}{G_W}$	cm^3/g
ZS	Zwischenschicht NiCr 80/20	
a	Elektrodenabstand vom Düsenmund ($a = a_E + 1$)	mm
a_E	Elektrodenabstand vom Beginn der Einschnürung	mm
c	Spezifische Wärme	kcal/kg·grd
d	Düsendurchmesser	mm
e_o	Elementarladung	C

f_m	Mittlere Frequenz der Spannungsschwankungen = mittlere Frequenz	kHz
$\overline{f_m}$	Mittelwert	kHz
h	Enthalpie des Plasmagases	J/g
h_a	Dicke der Auftragschicht	µm
h_o	Höhe der Quecksilbersäule über der Eichmarke 0 bei evakuiertem Dilatometer	mm
h_1	Höhe der Quecksilbersäule über der Eichmarke 0 bei Atmosphärendruck	mm
h_x	Höhe der Quecksilbersäule über dem Quecksilberstand bei 1000 atm	mm
l	Kanallänge	mm
l_L	Länge des elektrischen Leiters	m
$\mathfrak{m}$	Massendurchsatz	g/s
n_o	Maß für die Steigung	
n	Anzahl der Ladungsträger in der Volumeneinheit	cm^{-3}
Δp	Druckabfall im Rohr	kp/cm^2
p_a	Absoluter Druck	kp/cm^2
p_z	Gasdruck in der Pulverzuleitung (statisch)	mm WS
r	Porenradius	Å
r_K	Radius der Kapillare	mm
s	Spritzabstand	mm
t	Zeit	ms
t_A	Aufheizzeit	s
t_K	Abkühlzeit	s
v_T	Mittlere Spritzteilchengeschwindigkeit	m/s
v_m	Mittlere Plasmastrahlgeschwindigkeit	m/s
v_w	Geschwindigkeit des strömenden Mediums	m/s
w	Rotationsfrequenz des Lichtbogenfußpunktes	s^{-1}
z	Anzahl der Nutumdrehungen auf der Länge des Gaszuführungsstückes	
$\mathfrak{B}$	Vektor der magnetischen Induktion	Gauß; Vs/m^2
$\mathfrak{j}$	Stromdichtevektor	A/m^2
$\mathfrak{K}$	Lorentzkraft auf einen gasförmigen Leiter	dyn/m^3

Θ	Benetzungswinkel; Randwinkel	grd
Φ_S	Raumgewicht der oxidkeramischen Spritzschicht $\Phi_S = \frac{G_W}{V_K}$	g/cm^3
a	Biegewinkel bis zum ersten Anriß der Spritzschicht	grd
a_1; a_2	Proportionalitätsfaktoren zwischen Brückenspannung und Temperaturdifferenz	$mV/^{o}C$
ϵ	Porosität der oxidkeramischen Spritzschicht $\epsilon = \frac{V_p}{V_K} \cdot 100$	%
η	Wirkungsgrad des Plasmaspritzgerätes $\eta = \frac{N_{Pl}}{N_{el}} \cdot 100$	%
η_A	Auftragwirkungsgrad $\eta_A = \frac{Q_A}{Q_E} \cdot 100$	%
λ	Widerstandsziffer	
λ_s	Wärmeleitfähigkeit der oxidkeramischen Spritzschicht	kcal/m·h·grd
ν	Kinematische Zähigkeit	m^2/s
ρ	Dichte des Plasmagases	g/cm^3
ρ_S	Dichte der oxidkeramischen Spritzschicht $\rho_S = \frac{G_W}{V_G}$	g/cm^3
ρ_W	Dichte des strömenden Mediums	kg/dm^3
σ	Standardabweichung für die mittlere Schwingungsbreite, für die mittlere Frequenz und für die Brückenspannungen	V;kHz;mV;mV
σ_H	Haftfestigkeit	kp/mm^2
σ_O	Oberflächenspannung	dyn/cm

1. Einleitung

Als Fertigungsverfahren zur Oberflächenbehandlung ist die Spritztechnik, sowohl für die Instandsetzung als auch für die Neuanfertigung von Maschinenteilen und Werkzeugen, wichtig und unentbehrlich geworden. Die Anforderungen, die zum Schutz metallischer Oberflächen an Spritzschichten gestellt werden, sind Verschleißfestigkeit, Thermoschockbeständigkeit, Korrosionsbeständigkeit, Wärmedämmung und elektrische Isolationsfähigkeit. Als Überzug mit porösem Aufbau werden Spritzschichten ferner zur Verbesserung von Lager-Laufeigenschaften eingesetzt.

Die spritztechnische Entwicklung wurde durch das vor etwa 50 Jahren erfundene Flammspritzen eingeleitet. Dieses Verfahren gestattet heute, nach zahlreichen gerätemäßigen Verbesserungen, das Aufspritzen von Metallen und hochfester Keramik auf Grundwerkstoffe, wobei das Spritzgut in Pulver-, Stab- oder Drahtform in die Brenngasflamme eingebracht wird. Auf elektrisch leitende Werkstoffe beschränkt ist das Lichtbogenspritzen, bei dem der Lichtbogen zwischen zwei abschmelzenden Drahtenden oder zwischen dem Spritzdraht und einer nichtabschmelzenden Elektrode gezogen wird. Die Zerstäubung des geschmolzenen Spritzgutes und den Transport der Spritzteilchen zum Werkstück übernimmt ein Trägergas.

Mit fortschreitender Entwicklung reichten die mit den bekannten Spritzgeräten erzeugbaren Temperaturen nicht mehr aus, um hochschmelzende Metalle, Metalloxide, Boride oder Karbide verarbeiten zu können. Obwohl der eingeschnürte Lichtbogen als intensive Wärmequelle schon seit etwa 1910 bekannt ist, wurde er erst in den letzten Jahren in zunehmendem Maße für die Lösung dieser Aufgaben eingesetzt.

2. Entwicklung der Plasmaverfahren und ihre industrielle Anwendung

Die Bezeichnung "Plasma" wurde im Jahre 1923 von dem amerikanischen Forscher Langmuir für einen speziellen Gaszustand geprägt. Der Plasmazustand, der auch als vierter Aggregatzustand bezeichnet wird, zeichnet sich gegenüber dem gasförmigen Aggregatzustand der Materie vor allem durch seine elektrische Leitfähigkeit aus [81-83; 91; 111; 112; 125; 126; 143].

Diese wichtige Eigenschaft folgt aus dem Vorhandensein von freibeweglichen Ladungsträgern in einem Plasma. Ladungsträger entstehen aus neutralen Gasmolekülen oder Gasatomen bei geeigneter Energiezufuhr durch Ionisationsprozesse, so daß das Plasma in seiner Gesamtheit nach außen hin elektrisch quasineutral erscheint. Die Anzahl der Ladungsträger sowie die physikalischen Eigenschaften des Plasmas werden wegen der großen Energieabhängigkeit der vorkommenden Elementarprozesse in hohem Maße von der Temperatur (Abb. 1 und Abb. 2) und vom Druck im Plasma beeinflußt.

Die Entwicklung von Plasmageräten begann zu Anfang des Jahrhunderts, jedoch lag damals die Bedeutung der Experimente auf dem Gebiet der Leucht- und Meßtechnik. Industriell wurde das erste Plasmagerät im Jahre 1909 von Schönherr zur Herstellung von Stickoxid eingesetzt. 1921 entwickelte der Amerikaner Himes ein Plasmagerät, das schon alle charakteristischen Merkmale der heutigen Geräte aufwies und gute Metallschnitte erlaubte. Gerdien und Lotz arbeiteten mit einem Plasmagerät, bei dem der Hochstrom-Lichtbogen zwischen zwei Kohleelektroden durch eine wassergekühlte Düse stark eingeschnürt wurde. Das tangential an die Düseninnenwand gesprühte Wasser verhinderte die unmittelbare Einwirkung des Bogenplasmas auf den Düsenwerkstoff [92]. Die höchste Lichtbogentemperatur bei einer solchen Anordnung wurde von Burhorn, Maecker und Peters [80] mit über 50000°K ermittelt. Der erste gasstabilisierte Plasmabrenner mit nichtübertragenem Lichtbogen wurde bereits 1934 zum Patent angemeldet [124]. Ein erstes Plasmagerät zur Herstellung von metallischen Überzügen entwickelte 1939 der Amerikaner Reinecke. Nach dem Zweiten Weltkrieg wurde die Entwicklung und der Bau von Plasmageräten durch die Probleme bei der Verarbeitung neuer, hochtemperaturbeständiger Werkstoffe und durch die Aufgaben der chemischen Industrie vorangetrieben.

Die schweißtechnische Fertigung kennt drei verschiedene Anordnungen zur Erzeugung eines Plasmalichtbogens. Allen drei Verfahrensweisen gemeinsam ist die gleichzeitige Einschnürung von Lichtbogen und Plasmagasstrom durch eine wassergekühlte Kupferdüse. Durch diese Einengung vergrößern sich die Stromdichte und damit die Leistungsdichte und die Temperatur des Lichtbogens. Ein wesentlicher Teil der Lichtbogenenergie wird zur Dissoziation und Ionisation des Gasstromes sowie zur Temperaturerhöhung aufgewendet. Die dabei auftretende Volumenvergrößerung des Gases erhöht die Austrittsgeschwindigkeit stark. Die Unterschiede bei den drei schweißtechnisch genutzten Plasmaverfahren bestehen in der Lichtbogenanordnung, die durch die elektrische Schaltung der Geräte vorgegeben ist. Grundsätzlich unterscheidet man den übertragenen und den nichtübertragenen Lichtbogen. Der übertragene Lichtbogen brennt von einer intensiv wassergekühlten Wolframkathode, durch die einschnürende Düse hindurch, zum anodischen Werkstück, während beim nichtübertragenen Lichtbogen die wassergekühlte Kupferdüse als Anode geschaltet ist. Beide Systeme können auch gleichzeitig unter Benutzung zweier Stromkreise angewandt werden.

Der übertragene Lichtbogen führt, abhängig vom Gerätewirkungsgrad (55 bis 85 %), einen bedeutenden Teil seiner Leistung dem Werkstück zu, so daß diese Lichtbogenanordnung vor allem dort eingesetzt wird, wo man eine schnelle und starke Erwärmung des Werkstückes verlangt. Solche Anwendungsgebiete sind das Plasma-Schmelzschneiden und das Plasma-Verbindungsschweißen. Das Plasma-Schmelzschneiden gestattet unter Anwendung von vorwiegend mehratomigen Gasen als Plasmagase (Stickstoff, Stickstoff-Wasserstoff-Gemische, Argon-Stickstoff-Wasserstoff-Gemische, Preßluft) das thermische Trennen von hochlegierten Stählen, Nickel, Aluminium und Kupfer, d. h. von Werkstoffen, die autogen nicht schneidbar sind [17; 19; 20; 23; 25; 32; 33; 40; 56; 57; 59; 60; 65; 67; 70]. Das Plasma-Verbindungsschweißen läßt infolge seiner hohen Leistungsdichte [86] ein Verbinden dicker Bleche im Stumpfstoß ohne Kantenabschrägung zu. Bis auf wenige Ausnahmen, z. B. Magnesium, lassen sich alle Werkstoffe, die mit dem Wolfram-Schutzgasschweißen schweißbar sind, auch durch das Plasmaverfahren verbinden. Erfolgreich wurden legierte und unlegierte Stähle, Kupfer, Aluminium, Nickel und Nickellegierungen, Zirkon und Titan geschweißt [18; 21; 26; 27; 29; 31; 34; 38; 39; 42; 43; 46; 48; 49; 50; 85; 100; 113]. Ferner erlaubt dieses Verfahren aufgrund der Stabilität des eingeschnürten Lichtbogens bei kleinen Stromstärken das Verbinden dünnster Folien und die schweißtechnische Fertigung kleinster Bauteile [24; 37; 51; 53; 58; 61-64; 103; 104].

Das Plasmagerät mit nichtübertragenem Lichtbogen eignet sich wegen des innerhalb des Gerätes geschlossenen elektrischen Schaltkreises nicht nur zum Auftragen und Trennen von metallischen, d. h. elektrisch leitenden Werkstoffen, sondern auch für die Verarbeitung nichtmetallischer, elektrisch nichtleitender Werkstoffe. Schweißversuche mit dem nichtübertragenen Lichtbogen an Aluminium und austenitischem Stahl zeigen jedoch, daß diese Anordnung zum Schweißen zunächst nicht geeignet erscheint. Bei den geringen Gasdurchsätzen beim Plasma-Verbindungsschweißen ist die thermische Belastung und damit der Verschleiß der Düsen zu groß [41]. Das Plasma-Schmelzschneiden erfordert dagegen große Gasmengen, so daß grundsätzlich die Möglichkeit gegeben ist, den nichtübertragenen Lichtbogen hierfür einzusetzen. Unter Anwendung von Stickstoff als Plasmagas sind mit dem nichtübertragenen Lichtbogen an austenitischem Stahl, Aluminium und Kupfer von 20 mm Dicke befriedigende Trennschnitte erzielt worden [54]. Das Haupteinsatzgebiet des nichtübertragenen Lichtbogens ist jedoch das Plasma-Spritzen. Als Spritzwerkstoffe werden heute vorwiegend Metalle (Mo; W; Ti; Cr; CrNi; CoCr), Oxide (Al_2O_3; CrO_2; Cr_2O_3; HfO_2; TiO_2; ZrO_2), Karbide (HfC; TaC; TiC; ZrC; WC) und Boride (TiB_2; CrB_2; ZrB_2) verarbeitet [36; 44; 54; 59; 68; 97; 116; 145; 146; 148-150; 152; 154; 157; 159; 161]. Praktisch eingesetzt wird das Verfahren z. B. beim Aufspritzen auf Ventile und Ventilsitze, bei der Herstellung von Dichtflächen in Pumpen und Schiebern und ferner bei der Raumfahrt für die Auskleidung von Instrumentenkapseln mit einer wärmedämmenden Schicht [28; 54; 55; 59]. Weiter erlaubt dieses Verfahren die Herstellung von selbsttragenden Werkstücken [67; 70; 116; 149; 157; 161].

Beim Plasma-Auftragschweißen werden die beiden beschriebenen Lichtbogenanordnungen kombiniert. Die Lichtbögen werden durch zwei getrennt regelbare Gleichstromquellen gespeist. Die Vorteile des Verfahrens gegenüber bisherigen Methoden sind die Steuerungsmöglichkeit des Einbrands, die geringe Einbrandtiefe und die damit verbundene geringe Aufmischung des Auftragwerkstoffes durch den Grundwerkstoff [30]. Der praktische Einsatz dieses Verfahrens liegt derzeit beim Aufpanzern von Motorventilen und Ventilschäften, von Pflugscharen und anderen Bodenbearbeitungswerkzeugen, von Schlagmessern für die Papierindustrie, Lagern und Turbinenschaufeln, Verschlußringen, Stanzwerkzeugen und Schiebern für Heißdampfarmaturen [35; 52; 66; 69-72].

Ein neues Anwendungsgebiet der Plasmastrahlerzeuger sind Plasmaöfen und Plasmageneratoren, in denen beispielsweise chemische Prozesse in der Gasphase bei hohen Temperaturen durchgeführt werden können. Zur Verbesserung des thermischen Wirkungsgrades werden z. B. bei einer bestimmten Anordnung drei Plasmageräte mit nichtübertragenem Gleichstromlichtbogen sternförmig angeordnet, wobei dem Gleichstromlichtbogen anschließend ein Dreiphasenwechselstrom hoher Leistung überlagert wird. Man erhält auf diese Weise im Gasraum vor den Plasmageräten im Sternpunkt ein hochenergiereiches Plasma [55; 73; 74].

3. Aufgabenstellung und Ziel der Untersuchungen

Die vorliegende Arbeit verfolgt das Ziel, durch grundlegende Untersuchungen an einem Plasmaspritzgerät das Verhalten des Lichtbogens innerhalb der Hohlanode festzustellen und Kenndaten des Plasmastrahlerzeugers zu bestimmen. Durch geeignete Maßnahmen soll ferner zur Standzeiterhöhung der Düsen und zur Verbesserung der Technologie des Plasmaspritzens beigetragen werden.

Die Veränderung und Erweiterung des Kühlwassersystems soll zu einer Verbesserung der Wärmeableitung und damit zu einer intensiveren Kühlung des Plasmagerätes führen. Durch oszillographische Aufnahme der Lichtbogenspannung und mit Hilfe der Hochgeschwindigkeitsfotografie wird die Bewegung des anodischen Lichtbogenfußpunktes innerhalb der einschnürenden Düse ermittelt. Kalorimetrische Untersuchungen am Plasmastrahlerzeuger bestimmen über die vom Kühlwasser des Gerätes aufgenommene Wärmeleistung den Gerätewirkungsgrad und die mittlere Enthalpiezunahme des Plasmagases, die ihrerseits eine Abschätzung der mittleren Temperatur und mittleren Geschwindigkeit des Plasmastrahls an der Düsenmündung zuläßt. Die Ergebnisse der genannten Untersuchungen liefern eine Aussagemöglichkeit über den Einfluß der Einstellparameter auf die thermische Belastung der Hohlanode und erlauben die Einstellung von Spritzparametern mit günstigem thermischen Wirkungsgrad.

Durch einen rotierenden Plasmagasstrom und durch Anlegen eines transversalen Magnetfeldes wird versucht, die Bewegung des Lichtbogenfußpunktes auf dem Umfang der Hohlanode günstig zu beeinflussen bzw. so zu steuern, daß die Düse thermisch gleichmäßig belastet wird. Der Einsatz einer axialen Pulverzufuhr ermöglicht ein längeres Verweilen der Spritzpartikel im Plasmastrahl und erlaubt damit einen Einfluß auf die Gesamtleistungsaufnahme des Spritzgerätes auszuüben.

Mit dem abgeänderten Plasmaspritzgerät werden oxidkeramische Werkstoffe in Pulverform auf Stahlbleche aufgetragen, wobei zum Vergleich ebenfalls die Einsatzmöglichkeit des magnetisch beeinflußten, eingeschnürten Lichtbogens für Spritzzwecke untersucht wird. Mit Hilfe von mechanisch-technologischen, physikalischen, kristallstrukturellen und metallographischen Prüfverfahren wird der Einfluß der Spritzparameter auf die Eigenschaften der Spritzschichten bestimmt.

4. Versuchseinrichtungen und ihre Funktionsweise

4.1 Spritzgerät und Hilfseinrichtungen

Bei der für die Untersuchungen benutzten Plasmaspritzanlage wird ein Lichtbogen zwischen einer stabförmigen, thorierten Wolframelektrode und einer Kupferhohlanode mittels einer hochfrequenten Entladung hoher Spannung gezündet (Abb. 3). Innerhalb des Düsenkanals wird über Zuführungskanäle durch ein Fördergas pulverförmiger Beschichtungswerkstoff in den mit hoher Geschwindigkeit strömenden Plasmastrahl eingebracht, dort aufgeheizt und geschmolzen sowie in Richtung der zu bespritzenden Oberfläche beschleunigt. Aufgrund mechanischer, chemischer und physikalischer Haftmechanismen (Kap. 10.1) kommt es zur Haftung dieser Teilchen auf der vorbereiteten Werkstückoberfläche.

Zunächst wurde ein handelsübliches Gerät der Firma Arcos (PJ 106) mit Kontrollschrank und Gleichrichter GZ 700 benutzt. Zur Dosierung des Spritzpulvers stand zunächst ein Vibrations- und später ein volumetrischer Pulververteiler Arcos M31 zur Verfügung.

Die konische Kupferdüse (Abb. 4) wird in den anodischen Teil des Spritzgerätes eingesetzt und durch eine frontal fest aufgeschraubte Messingkappe, mit gutem Kontakt zwischen Düse und Plasmagerät, gehalten. Über die Kontaktfläche mit dem wassergekühlten anodischen Teil des Plasmastrahlerzeugers wird die an die Hohlanode abgegebene Wärme abgeführt. Zur Verbesserung der Kühlung wurde das Plasmaspritzgerät so abgeändert, daß durch Verringerung der Kühlwanddicke eine gleichmäßige und bessere Wärmeableitung auf der gesamten Düsenlänge gewährleistet ist. Durch Vergrößern der im Kühlwasserkreislauf vorhandenen Engstellen konnte die Kühlwassermenge gesteigert und somit die Strömungsgeschwindigkeit an Stellen besonders starker Wärmebelastung erhöht werden. Damit war eine intensivere Kühlung möglich. Die Messingkappe, die sich infolge des Kontaktes mit der Düse schnell aufheizt, wurde ebenfalls wassergekühlt. Mit diesen Maßnahmen konnte die maximale Leistungsaufnahme des Spritzgerätes, die nach Herstellerangaben bei 15 kW liegt, auf etwa 25 kW gesteigert werden. Bei etwa 20 kW wurden im intermittierenden Betrieb bei 40 zwischenzeitlichen Unterbrechungen bei 30 Nl/min Stickstoffplasmagas nach 10 Stunden geringe Schmelzspuren im Düsenkanal festgestellt. In der Zündphase ist die Düse thermisch am stärksten belastet, was bei schlechter Kühlung zu einem Ausschleudern von Kupferteilchen aus der Düsenmündung führen kann. Diese Anschmelzungen der Hohlanode bei axialer Plasmagaszufuhr schränkten die Gebrauchsfähigkeit der Düse zum Spritzen jedoch nicht ein.

Die thorierte Wolframkathode wird durch eine Kupferbuchse (Gaszuführungsstück), die auf ihrem Umfang vier achsparallele Nuten hat (Abb. 5), zentriert. Das Plasmagas strömt entlang der Nuten axial (z = 0) in die Düse ein und kühlt auf diese Weise die Wolframelektrode im Betrieb. Durch den Einsatz von Gaszuführungsstücken mit wendelförmigen Gaszuführungsnuten (z = 1/4; 1/2; 3/4; 1) ist ein rotierender Plasmagasstrom als Maßnahme zur Düsenstandzeiterhöhung möglich.

Ein Zwillingsgleichrichter mit fallender statischer Kennlinie (Abb. 6) dient als Energiequelle. Die beiden Gleichrichter können einzeln oder zusammen benutzt werden, wobei eine Parallel- oder Hintereinanderschaltung möglich ist. Bei den Versuchen mit Reinargon (Ar 99,95 %) als Plasmagas wurde nur ein Gleichrichter verwendet, während bei Stickstoff (N_2 99,97 %) und dem Gasgemisch (Ar, N_2) die beiden Gleichrichter in Reihe geschaltet wurden, um wegen der geringeren elektrischen Leitfähigkeit des Stickstoffplasmas eine höhere Spannung zu erhalten.

Die Durchflußmengen der Gase und des Kühlwassers wurden mit Rotametern [4] ermittelt.

Die Probenvorbereitung für die Spritzversuche erfolgte in einer Sandstrahlkabine. Der Strahlabstand betrug bei einem Strahlwinkel von 45° etwa 30 mm. Nach dem Strahlen wurden die Proben mit trockener und gereinigter Preßluft abgeblasen.

Bei den Spritzversuchen ist das Plasmaspritzgerät fest eingespannt, die Probe wird mit einer mechanischen Führung mit definierter Geschwindigkeit bewegt.

4.2 Fototechnische Einrichtung

Zur fotografischen Aufnahme der Vorgänge innerhalb der Hohlanode diente eine Hochgeschwindigkeits-Drehprismenkamera [10], Fastax WF 14. Diese Kamera ermöglicht Aufnahmefrequenzen bis etwa 9000 Bilder/s bei kontinuierlich durchlaufendem Film. Über einen Zeitmarkengenerator werden 1000 Hz Zeitmarken zur Festlegung der Filmgeschwindigkeit durch eine Glimmlampe auf den Filmrand gegeben. Über eine zweite Optik wurde der über einen Oszillograph aufgenommene zeitliche Verlauf der Spannung im Lichtbogen kontinuierlich auf den Film eingeblendet. Die Auslenkung des Elektronenstrahls der Oszillographenröhre in y-Richtung ist proportional der Lichtbogenspannung. Die x-Ablenkung des Strahls erfolgt durch die Bewegung des Filmes. Diese Einblendung konnte nur so erfolgen, daß das zu einem entsprechenden Bild gehörige Oszillogramm fünf Bilder später erscheint. Für höhere Bildfrequenzen ($>$ 9000 Bilder/s) wurde eine Drehprismenkamera vom Typ Hycam verwendet. Als Filmmaterial wurden 16 mm Negativfilme von 17 DIN benutzt.

4.3 Meßanordnung zur Ermittlung der Lichtbogenbewegungen innerhalb der Hohlanode

Bei Plasmageräten mit nichtübertragenem Lichtbogen brennt dieser nicht stabil, sondern oszilliert insbesondere mit seinem anodenseitigen Fußpunkt auf der Ringanode. Die Veränderungen des Lichtbogens machen sich an Spannungsschwankungen bemerkbar, die dem Spannungsverlauf, der durch die Bauart der Energiequelle bedingt ist, überlagert sind (Abb. 29 und Abb. 33). Diese Spannungsschwankungen wurden oszillographisch aufgenommen und fotografisch über eine Kleinbildkamera registriert. Als Aufnahmegerät diente ein Speicheroszillograph vom Typ Tektronix 549. Die Maßstäbe der Oszillogramme sind auf das Raster bezogen; der Rasterabstand beträgt im Original 1 cm. Als Schwingungsbreite U_{pp} wird die Spannungsdifferenz zwischen dem Maximum und dem Minimum einer Schwingung verstanden. Für die Auswertung wurden die Einzelschwingungen eines Oszillographenbildes ausgemessen und der arithmetische Mittelwert, die mittlere Schwingungsbreite U_{ppm}, gebildet. Die mittlere Frequenz der Spannungsschwankungen f_m ergibt sich durch die Anzahl der Schwingungen auf einem Oszillographenbild. Bei der Verwendung von Argon als Plasmagas wurden bei jeder Einstellung durchschnittlich 20 Oszillogramme registriert und ausgewertet, während bei der Verwendung von Stickstoff und Argon-Stickstoffgemischen im Durchschnitt etwa 10 Oszillogramme pro Einstellung erfaßt wurden. Die Lichtintensitätsschwankungen des Bogens wurden mit einer Fotodiode ermittelt, die in einem Abstand von 115 cm vor der Düsenmündung in Verlängerung der Geräteachse angeordnet wurde. Das Fotodiodensignal U_F, d. h. der Spannungsabfall am Widerstand (R = 1 kΩ; Abb. 7), ist der Intensität direkt proportional. Das Schaltschema der verwendeten Versuchsanordnung zeigt Abb. 7. Der bei den Versuchen gewählte Stromstärkebereich ist steigend durchfahren worden. Als Hohlanode wurde die in Abb. 4a dargestellte Düse eingesetzt. Die Versuche wurden ohne Pulverzufuhr durchgeführt.

4.4 Versuchsaufbau zur kalorimetrischen Erfassung der thermischen Verlustleistung und des Gerätewirkungsgrades

Bei den in der industriellen Fertigung eingesetzten Plasmaspritzgeräten, sowie bei dem hier verwendeten Plasmastrahlerzeuger, wird zur Kühlung der Kathode und der Hohlanode ein gemeinsamer Kühlkreislauf (K_2) (Abb. 8) verwendet. Ein weiterer Teil der anodischen Verlustleistung wird durch einen zweiten Wasserkreislauf (K_1) abgeführt.

Die Ermittlung der vom Plasmagas aufgenommenen Leistung ist kalorimetrisch auf direktem [117; 119] und indirektem Wege möglich. Die in dieser Arbeit gewählte indirekte Erfassung der Plasmastrahlleistung erfolgt über die Bestimmung der an das Kühlwasser des Plasmastrahlerzeugers im quasistationären Zustand abgegebenen Leistung, die aus dem zeitlichen Wasserdurchsatz und der Temperaturdifferenz des Kühlwassers im Ein- und Auslauf ermittelt werden kann. Die Plasmastrahlleistung ergibt sich damit als Differenz von elektrischer Leistung und Kühlwasserleistung. Der Gesamtwirkungsgrad des Spritzgerätes läßt sich aus dem Quotient von Plasmastrahlleistung und elektrisch zugeführter Leistung ermitteln. Die Temperaturdifferenz zwischen dem ein- und ausfließenden Wasser eines jeden Kühlwasserkreislaufes ist mit der in Abb. 9 dargestellten Meßbrücke ermittelt worden. Als Temperaturfühler werden NTC-Widerstände (R_{25^oC} = 10 kΩ) in den Zu- und Ablauf eines jeden Kühlwassersystems eingebaut (Abb. 8). Die Anwendung von NTC-Widerständen für die Temperaturmessung setzt voraus, daß die durch den Meßstrom erzeugte Leistung vernachlässigbar klein ist, d. h. der Widerstand muß stets im linearen Anlaufgebiet seiner Strom-Spannungskennlinie arbeiten, was hinreichend erfüllt war. Ändert sich durch die

Temperaturerhöhung des Kühlwassers im Auslauf der Widerstandswert des NTC's und damit der Gesamtwiderstand eines Brückenzweiges, so läßt sich zwischen e und f die Brückenspannung ΔU_n abgreifen, die als Maß für die Temperaturdifferenz gewertet werden kann. Meßwertdrucker registrieren während einer Zeit von etwa 1,0 min über Digitalvoltmeter 20 bis 30 Spannungswerte ΔU_1 und ΔU_2, die anschließend arithmetisch gemittelt werden. Die in strömendem Wasser, d. h. unter Berücksichtigung der späteren Versuchsbedingungen, ermittelte Abhängigkeit zwischen Brückenspannung und Temperaturdifferenz ist linear. Mit dem Mittelwert der Brückenspannung ΔU_n, dem Proportionalitätsfaktor a_n zwischen Brückenspannung und Temperaturdifferenz und der Kühlwassermenge Q_{w_n} ist es möglich, die Kühlwasserleistung

$$N_{K_n} = Q_{w_n} \cdot c \cdot \frac{\overline{\Delta U_n}}{a_n} \qquad (1)$$

zu bestimmen. Die Wasserdurchflußmengen beider Kühlsysteme sind während der Eichung und während der Versuche gleich und konstant; sie betragen 0,135 l/sec für K_1 und 0,25 l/sec für K_2. Der bei den Versuchen gewählte Leistungsbereich ist steigend durchfahren worden.

4.5 Verfahren zur magnetischen Ablenkung des eingeschnürten, nichtübertragenen Lichtbogens innerhalb der Hohlanode

In Vorversuchen wurde zur Erzeugung des Magnetfeldes eine aus isoliertem Kupferdraht gewickelte Spule mit 120 Windungen, einem Innendurchmesser von 120 mm und einer Länge von 70 mm verwendet. Die Spule hatte eine koaxiale Anordnung zum Spritzgerät. Unter Verwendung von Argon als Plasmagas und unter Einsatz einer Düse mit einem Düsendurchmesser von 10 mm und einer Kanallänge von 19,5 mm konnte bei einer Stromstärke von 200 A und einer magnetischen Induktion von 400 Gauß eine gesteuerte Bewegung des Lichtbogenfußpunktes auf dem Hohlanodenumfang erreicht werden (Abb. 10). Der gesamte Hochgeschwindigkeitsfilm, dessen Aufnahmefrequenz etwa 7500 Bilder/s betrug, zeigt, daß der Lichtbogenfußpunkt bei nichteingeschaltetem Magnetisierungsstrom einen Winkelbereich von 120° auf dem Hohlanodenumfang bevorzugt. Bei Einschalten des Magnetfeldes bildet sich der Lichtbogen spiralenförmig aus. Bei Blickrichtung in den Düsenkanal erfolgt eine Bewegung des Lichtbogenfußpunktes auf dem Umfang der Hohlanode im Uhrzeigersinn. Der Vektor der magnetischen Induktion ist also der in Abb. 62 eingezeichneten Richtung entgegengesetzt. Die Rotationsfrequenz des Lichtbogenfußpunktes beträgt 1160 s^{-1} (Abb. 10).

Die vom eingesetzten Gleichrichter abgegebene Spannung hat, abhängig von der Einstellung der Energiequelle, eine Welligkeit der Frequenz 100 bzw. 300 Hz (Abb. 29 und Abb. 33). Daher kommt es, wie der Hochgeschwindigkeitsfilm des beschriebenen Vorversuchs eindeutig zeigt, zu Schwankungen der Geschwindigkeit des Lichtbogenfußpunktes auf dem Hohlanodenumfang, des Lichtbogendurchmessers und der Intensität von gleicher Frequenz. Aus diesem Grunde und wegen der in den Hauptversuchen verwendeten kleinen Düsendurchmesser scheiden bei der gewählten Versuchsanordnung die fotoelektrischen Verfahren für die Untersuchung der Lichtbogenfußpunktbewegung auf dem Umfang der Hohlanode bzw. für die Bestimmung der Rotationsfrequenz des Lichtbogenfußpunktes aus. Als Instrument zur eindeutigen Messung und Beobachtung dieser Lichtbogenbewegung erweist sich die Hochgeschwindigkeitsfotografie. Die bei den Hauptversuchen zur magnetischen Ablenkung gewählten Aufnahmefrequenzen liegen zwischen 7500 und 15000 Bildern/s. Den Magnetisierungsstrom für die Spule lieferte ein Umformer mit einer Konstantspannungs-Kennlinie (Abb. 11).

Bei der in den Vorversuchen verwendeten Spule führte die freiwerdende Joule'sche Wärme nach kurzer Einschaltdauer des Magnetisierungsstroms zu einer Zerstörung der Isolation. Ein Spulenkörper aus wassergekühltem Kupferrohr sollte deshalb bei weiteren Versuchen die Anwendung hoher Magnetisierungsströme und großer Einschaltzeiten durch die Ableitung der anfallenden Wärme ermöglichen. Über die physikalischen Beziehungen für eine Spjle mit $l_s \gg d_s$ läßt sich näherungsweise die zu erwartende magnetische Induktion B bestimmen. Wegen der Geometrie des Spritzgerätes konnte die Bedingung $l_s \gg d_s$ nicht erfüllt werden. Für die Berechnung wurden folgende Werte vorgegeben:

Spulendurchmesser	d_s	=	0,116 m
Spulenlänge	l_s	=	0,085 m
Anzahl der Windungen	n_w	=	12,7
Abmessungen des Kupferrohres:			
Länge	L	=	4,6 m
Innendurchmesser	d_i	=	3 mm
Außendurchmesser	d_a	=	5 mm
Ringfläche	F_r	=	12,56 mm^2
Strömungsquerschnitt	F_s	=	7,07 mm^2

Als maximaler Magnetisierungsstrom wurde 700 A gewählt.

Es gilt

$$H = \frac{I_M \cdot n_w}{l_s} \quad (2)$$

$$B = \mu_o \cdot \mu_r \cdot H \quad (3)$$

Die relative Permeabilität μ_r beträgt bei Luft $\mu_r = 1$; die Induktionskonstante beträgt $\mu_o = 1,256 \cdot 10^{-6}$ Vs/Am.

Bei einem maximalen Magnetisierungsstrom von 700 A ergeben sich damit folgende Werte:

$$H_{max} = 1,046 \cdot 10^5 \frac{A}{m} \mathrel{\hat{=}} 1314 \text{ Oe}$$

$$B_{max} = 1314 \text{ Gauß} \mathrel{\hat{=}} 1314 \cdot 10^{-4} \frac{Vs}{m^2}$$

Für die Auslegung der Spule war weiter von Interesse, die Temperaturzunahme des Spulen-Kühlwassers abzuschätzen. Die Wärmeleistung ermittelt sich nach

$$N_{max} = R \cdot I^2_{Mmax} \qquad (4)$$

Der Ohmsche Widerstand der Spule beträgt

$$R = \frac{L \cdot \rho_{Cu20^oC}}{F_r} = 6{,}55 \text{ m}\Omega \qquad (5)$$

mit dem spezifischen Widerstand

$$\rho_{Cu20^oC} = 0{,}0179 \frac{\Omega mm^2}{m}$$

Damit bestimmt sich die maximal erzeugte Leistung zu

$$N_{max} = 3{,}21 \text{ kW} \mathrel{\hat{=}} 0{,}767 \frac{kcal}{s}$$

Aufgrund der Abmessungen und Kennwerte des Spulenrohres, des möglichen Druckabfalls im Rohr von 4 kp/cm^2 und der Kennwerte des strömenden Mediums läßt sich die Durchflußmenge ermitteln. Für turbulente Strömung, die erwartet wird, gilt das Gesetz [12]

$$\frac{\Delta p}{L} = \frac{\lambda}{d_i} \cdot \frac{\rho_w \cdot v_w^2}{2} \qquad (6)$$

Nach Einführen der Reynoldszahl

$$Re = \frac{v_w \cdot d_i}{\nu} \qquad (7)$$

und der bekannten übrigen Größen, gewinnt man einen Zusammenhang zwischen der Widerstandsziffer λ und der Reynoldszahl Re:

$$\lambda = 0{,}461 \cdot 10^7 \cdot \frac{1}{Re^2} \qquad (8)$$

Trägt man diese Funktion in das Diagramm $\lambda = f$ (Re) von Nikuradse [12] ein, so lassen sich über den Schnittpunkt mit der Kurve für glatte Rohre die Widerstandsziffer λ und gleichzeitig die zu erwartende Reynoldszahl Re, d. h. auch die gesuchte Geschwindigkeit v_w, bestimmen (Abb. 12). Der Schnittpunkt liefert als Widerstandsziffer den Wert $\lambda = 0{,}0299$ und als Reynoldszahl $Re = 1{,}23 \cdot 10^4$. Die Reynoldszahl ist größer als 2300, womit die eingangs getroffene Annahme der Turbulenz gerechtfertigt ist. Als Durchflußmenge ergibt sich

$$Q_w = 29{,}2 \frac{cm^3}{s}$$

Über die errechnete Durchflußmenge läßt sich nun die Temperaturerhöhung des Kühlwassers ermitteln.

$$\Delta T = \frac{N_{max}}{c \cdot Q_w} = 26{,}2^{o}C \qquad (9)$$

Die aufgrund der Berechnungen erhaltenen Werte lassen die Spule mit den gewählten Abmessungen für die Versuche zur magnetischen Beeinflussung des nichtübertragenen, eingeschnürten Lichtbogens geeignet erscheinen. Abb. 13 zeigt die Spule mit eingebautem Plasmastrahlerzeuger.

Da die für die Berechnung der magnetischen Induktion notwendige Voraussetzung $l_s \gg d_s$ nicht erfüllt werden konnte, wurde die magnetische Induktion innerhalb der Spule mit einer Hall-Sonde ermittelt. Die Abhängigkeit der magnetischen Induktion im Punkte A vom Magnetisierungsstrom zeigt Abb. 14. Der Punkt A kennzeichnet den Ort, an dem sich die Kathodenspitze des Plasmastrahlerzeugers während der Versuche befindet. Die lineare Abhängigkeit erreicht im Vergleich zur errechneten Induktion von 1314 Gauß bei einem Magnetisierungsstrom von 700 A einen Maximalwert von 730 Gauß. Die räumliche Darstellung der magnetischen Induktion innerhalb der Spule bei einem konstanten Magnetisierungsstrom von 400 A zeigt Abb. 15. Die Verteilung wurde aus Symmetriegründen nur für eine Spulenhälfte ermittelt. Im Bereich des Lichtbogens ergeben sich für die magnetische Induktion bei konstantem Magnetisierungsstrom annähernd konstante Werte.

Im Betriebszustand des Plasmastrahlerzeugers geht bei einem Elektrodenabstand von a = 22 mm (entsprechend a_E = 2,5 mm) der Lichtbogen von der Kathodenspitze (Kathodendurchmesser 6,2 mm) aus; sein anodischer Lichtbogenfußpunkt sitzt im vorderen Teil des 19,5 mm langen, parallelen Düsenkanals. D. h. der Lichtbogen brennt bzw. der Stromdichtevektor $\mathfrak{j}$ verläuft unter einem sehr kleinen Winkel, beinahe parallel zur Geräteachse. Da der Vektor der magnetischen Induktion $\mathfrak{B}$ ebenfalls parallel zur Geräteachse verläuft, kann nur bei ausreichender Größe des radialen Stromdichtevektors $\mathfrak{j}_r$ eine gesteuerte Lichtbogenfußpunktbewegung auf dem Hohlanodenumfang erfolgen (Abb. 62). Hochgeschwindigkeitsaufnahmen des Düsenkanals entgegen der Plasmaströmungsrichtung weisen nach, daß sich bei der eingesetzten Hohlanode (Abb. 4a) mit den Einstelldaten Stromstärke I = 400 A, Plasmagasmenge Q_{PAr} = 20 Nl/min, Magnetisierungsstrom I_M = 600 A und Elektrodenabstand a = 22 mm keine gesteuerte Lichtbogenfußpunktbewegung auf dem Hohlanodenumfang erreichen läßt. Um bei der vorgegebenen Düsengeometrie einen für eine derartige Lichtbogenbewegung ausreichenden radialen Stromdichtevektor $\mathfrak{j}_r$ zu erhalten, muß der Lichtbogen gezwungen werden, einen größeren Winkel zur Geräteachse einzunehmen. Wird die Wolframkathode in die weitest mögliche Position (a = 30 mm) zurückgenommen, dann setzt der Lichtbogen im Anodenkegel an, d. h. der Winkel zwischen Geräteachse und Lichtbogen wird größer, was einer Vergrößerung des radialen Stromdichtevektors $\mathfrak{j}_r$ gleichkommt. Bei dem angegebenen Elektrodenabstand konnte bei einer Stromstärke von 400 A, einer

Plasmagasmenge von 20 Nl/min Argon und einem Magnetisierungsstrom von 300 A auch für die Düse mit einem Durchmesser von 5 mm und einer Kanallänge von 19,5 mm über Hochgeschwindigkeitsaufnahmen eine gesteuerte Lichtbogenfußpunktbewegung auf dem Hohlanodenumfang festgestellt werden.

Geeigneter für die Untersuchungen zur magnetischen Ablenkung des eingeschnürten Lichtbogens ist die Hohlanode mit kurzer Kanallänge (Abb. 4b). Bei dieser Hohlanode wird der Lichtbogen gezwungen, unter einem größeren Winkel zur Anodenachse zu brennen. Weitere Vorteile gegenüber der Hohlanode mit längerem Anodenkanal sind der aufgrund der dünneren Wandung geringere Wärmeleitwiderstand und der strömungstechnisch bessere Übergang vom Anodeninnenkegel zum Düsenkanal.

4.6 Meß- und Prüfverfahren

Zur Dickenmessung der Spritzschicht wurde das Permascope Typ ES 3 d der Firma Fischer verwendet. Das Gerät gestattet die Messung von elektrisch nichtleitenden oder nichtmagnetischen Überzügen auf ferromagnetischen Grundwerkstoffen. Die Dicke der metallischen Schicht (Ni Cr 80/20) wurde metallographisch ermittelt. Bei den entsprechenden Betriebsbedingungen des Spritzgerätes lag für jede Anzahl von Überfahrungen ein Wert für die Ni Cr-Schichtdicke vor.

Die mittlere Spritzteilchengeschwindigkeit wurde mit einer selbstgebauten Anordnung bestimmt. Auf einer Welle, die beidseitig in Kugellagern gelagert ist, sind zwei Scheiben von 260 mm Durchmesser gegeneinander verschiebbar befestigt (Abb. 16). Die Welle wird über eine Gummikupplung von einem Drehstrom-Asynchronmotor mit 2870 U/min angetrieben. Die Drehzahl wurde mit einem fotoelektrischen Drehzahlmeßgerät ermittelt. Die dem Spritzgerät zugekehrte Scheibe trägt an ihrem Umfang einen radialen Schlitz von 10 mm Breite. Trifft der Spritzstrahl senkrecht auf die rotierende erste Scheibe auf, so fliegen bei jeder Umdrehung Spritzpartikelchen durch den Schlitz hindurch und bilden diesen in Form einer Auftragschicht versetzt auf der zweiten Scheibe ab. Über den Versatz x_s, den Radius r_s der Scheiben, den Scheibenabstand a_s und die Drehzahl n_s der Scheiben, läßt sich die mittlere Spritzteilchengeschwindigkeit mit

$$v_T = \frac{2\pi \cdot r_s \cdot n_s \cdot a_s}{x_s} \qquad (10)$$

ermitteln. Als Spritzabstand wurde bei den Versuchen der Abstand zwischen dem Düsenmund und der Mitte zwischen beiden Scheiben definiert.

Die Haftfestigkeit der Spritzschicht auf der metallischen Unterlage wurde nach DIN 50160 ermittelt. Spritz- und Abziehstempel (Abb. 17) wurden mit dem Kleber Agomet M der Firma Degussa unter Zusatz von Atlas Ago Härter verklebt und etwa 24 Stunden im Ofen bei 60°C ausgehärtet. Die Prüfung erfolgte momentenfrei mit der in Abb. 17 dargestellten Abziehvorrichtung.

Die Prüfung der Verformbarkeit der Spritzschicht wurde in Anlehnung an DIN 50121 durchgeführt (Abb. 18). Die Probenabmessungen waren einheitlich 150 x 35 x 3 mm. Die Schwierigkeit bei der Durchführung dieser Versuchsreihe liegt in dem exakten Erkennen der ersten Anrisse. Vor allen Dingen bei dünnen Schichten ist es nicht möglich, einwandfrei die erste Zerstörung der Schicht festzustellen. Erst ab etwa 100 bis 150 μm Schichtdicke läßt sich mit einiger Sicherheit der erste Anriß ermitteln.

Die Untersuchungen zur Porosität plasmagespritzter keramischer Schichten wurden mit dem Porosimeter nach Guyer und Böhlen [6] durchgeführt. Mit Hilfe dieses Gerätes lassen sich in einem Versuch die Porenvolumenverteilung, der spezifische Porenraum, die Dichte der Spritzschicht, das Raumgewicht und die Porosität der Schicht ermitteln. Das Meßverfahren beruht auf der Anwendung des Kapillargesetzes. Dies bedeutet, daß bei der Ausmessung der Poren eine zylindrische Porenform mit kreisrunder Querschnittsfläche vorausgesetzt wird. Die Poren müssen zur Oberfläche hin geöffnet sein, eingeschlossene Poren werden nicht erfaßt. Ferner wird zwischen nichtdurchgehenden Poren und Poren über die gesamte Schichtdicke nicht unterschieden. Durch Biegen der 3 mm dicken Spritzprobe wurde die Spritzschicht von der Unterlage abgelöst und in das Dilatometer (Abb. 19) des Meßgerätes eingewogen. Das mit der Spritzschicht beschickte Dilatometer wird anschließend bis zu 10^{-4} Torr evakuiert und unter Vakuum bis zu einer Höhe h_o mit Quecksilber gefüllt. Nach Feststellung der Höhe h_o wird der Druck im Dilatometer dem Atmosphärendruck angeglichen, wodurch das Quecksilberniveau von der Höhe h_o auf die Höhe h_1 über der Eichmarke absinkt. Das Produkt aus der Höhendifferenz $(h_o - h_1 = h_2)$ und dem Querschnitt der Kapillare $(F_K = \pi r_K^2)$ ergibt das Volumen der Poren, deren Radien oberhalb von 7,5 μm liegen. Nach der Wägung des gefüllten Dilatometers wird im eigentlichen Meßgerät der äußere Druck p_a kontinuierlich bis zum Enddruck von 1000 atm gesteigert. Der zu einem bestimmten Druck gehörende Wert h_x kann dem sogenannten Porogramm entnommen werden. Diese Höhe h_x muß wegen der Kompressibilität des Quecksilbers korrigiert werden. Durch Gleichsetzen der Kapillarkräfte und der äußeren Druckkräfte erhält man die Bestimmungsgleichung für den Porenradius:

$$r = 2\sigma_o \cdot \cos\Theta \cdot \frac{1}{p_a} \qquad (11)$$

Der mit 140° angenommene Benetzungswinkel Θ entspricht zwar dem System Quecksilber-Glas, man kann jedoch annehmen, daß der Randwinkel des Quecksilbers in Berührung mit keramischen Stoffen nicht wesentlich verschieden sein wird [15; 16]. Die Oberflächenspannung σ_o der verwendeten Benetzungsflüssigkeit Quecksilber beträgt bei der Versuchstemperatur 480 dyn/cm. Mit den beiden genannten Größen ergibt sich damit der Porenradius zu

$$r = 75000 \cdot \frac{1}{p_a} \qquad (12)$$

Das verwendete Gerät arbeitet automatisch in einem Bereich von 1 bis 1000 atm und erfaßt somit einen Porenbereich zwischen 75 und 75000 Å.

Zur Ermittlung der Temperaturwechselbeständigkeit von Spritzschichten werden unterschiedliche Prüfmethoden herangezogen. Um wirklichkeitsnah zu prüfen, soll die Methode nach dem im Betrieb zu erwartenden Belastungsfall ausgewählt werden. Bei allen Prüfmethoden wird als Kriterium für die Temperaturwechselbeständigkeit die mögliche Anzahl von Temperaturwechseln zwischen Aufheiztemperatur und Raumtemperatur bis zum Abplatzen der Schicht ermittelt. Unterschiedlich bei den anwendbaren Verfahren sind die Art der Probenaufheizung und Probenabkühlung. Für die eigenen Versuche wurden Stahlproben aus St 37 von 40 mm Durchmesser und 15 mm Dicke nach erwähnter Probenvorbereitung mit keramischem Werkstoff bespritzt. Da das beschichtete Werkstück im Betrieb entweder gleichmäßig erhitzt oder nur von der Spritzschichtseite her erwärmt wird, wurden die Proben mit den genannten Abmessungen einmal im Ofen und ein anderes Mal von der Schichtseite her durch eine Azetylen-Sauerstoff-Flamme (Abb. 20) erhitzt. Die Zeit hierfür betrug im Ofen stets 25 Minuten. Während dieser Zeit wurde die am Ofen eingestellte und über Thermometer registrierte Aufheiztemperatur aufrechterhalten. Danach wurden diese Proben in Wasser von 20°C 1 Minute lang abgeschreckt. Nach dem Trocknen der Proben unter Warmluft wurde der Zyklus wiederholt. Aufgrund der langen Aufheizzeiten wurden als Grenztemperaturwechselzahl 20 Temperaturwechsel gewählt. Die durch die Azetylen-Sauerstoff-Flamme erhitzten Proben wurden nach Erreichen der jeweils vorgegebenen Aufheiztemperatur mit Druckluft von der Spritzschichtseite her auf Raumtemperatur abgeschreckt. Die Aufheiztemperatur wurde mittels Thermoelement 2 mm unterhalb der Spritzschicht in der Probenmitte gemessen (Abb. 20). Über die Bestimmung der Durchflußmengen für Azetylen und Sauerstoff wurde eine konstante Flammenleistung bei jeder Aufheizung beibehalten.

Als weitere Kenngröße ist die Wärmeleitfähigkeit der Spritzschicht von Interesse. Die Wärmeleitfähigkeit λ_s eines Stoffes ist durch folgende Beziehung definiert [9]:

$$d\Phi = \lambda_s \cdot dF \cdot \frac{\partial T}{\partial n} = -\lambda_s \cdot dF \, \mathrm{grad}_n T \qquad (13)$$

Es bedeuten:

$d\Phi$ = Wärmemenge, die unter der Wirkung des in Richtung der Flächennormalen genommenen Temperaturgefälles $-\left(\frac{\partial T}{\partial n}\right) = -\mathrm{grad}_n T$ die Fläche dF in der Zeiteinheit durchströmt.

λ_s = Wärmeleitfähigkeit des Leiters in kcal/m·h·grd.

Obwohl Gl. (13) ganz allgemein gilt, hat sie praktische Bedeutung zur Bestimmung von λ_s nur für den stationären Fall, d. h. für $\frac{\partial \Phi}{\partial t} = 0$. Dies bedingt wegen der großen Zeit bis zur Einstellung des stationären Zustandes eine lange Versuchsdauer. Für die eigenen Versuche wurde ein Hohlzylinder aus St 37 verwendet, bei dem infolge der zentralen Aufheizung durch einen Silitstab ein radialer Wärmestrom gegeben war. Aufgrund der Abmessungen des Hohlkörpers (Abb. 21) waren die Abmessungen der aufgespritzten Keramikschicht R_i und L_z vorgegeben. Mit der Dicke der Spritzschicht von 2,35 mm ergibt sich der Wert für R_a. Aufgrund der Zylindersymmetrie $\left(\frac{\partial T}{\partial \varphi} = 0\right)$ und unter der Annahme, daß kein axialer Wärmestrom $\left(\frac{\partial T}{\partial z} = 0\right)$ vorhanden ist, ergibt sich nach Einstellung eines stationären Zustandes für den Zylinder [9]:

$$\Phi = 2\lambda_s \cdot \pi \cdot L_z \cdot \frac{T_i - T_a}{\ln\frac{R_a}{R_i}} \tag{14}$$

Aus dieser Gleichung läßt sich die Wärmeleitfähigkeit zu

$$\lambda_s = \frac{\Phi \ln \frac{R_a}{R_i}}{2\pi L_z \cdot (T_i - T_a)} \tag{15}$$

ermitteln. Die im Versuch zu messenden Größen sind nach Gl. (15) der Wärmestrom Φ und die Temperaturdifferenz $(T_i - T_a)$. Der Wärmestrom wird über die elektrische Leistungsaufnahme des Heizwiderstandes bestimmt. Die Messung der Temperaturen T_i und T_a erfolgte über Thermoelemente. Den Aufbau der Meßanordnung zeigt Abb. 21.

5. Versuchswerkstoffe und Hilfsstoffe

Bei den Untersuchungen wurde als Spritzwerkstoff Aluminiumoxid mit und ohne Titandioxidzusatz verwendet. Beide Pulversorten hatten eine Korngröße von 200 ... 400 mesh, was einer lichten Maschenweite von 0,074 ... 0,038 mm entspricht. Der Reinheitsgrad des Aluminiumoxids wird vom Hersteller mit 99,7 % angegeben. Es zeichnet sich durch seine Sprödigkeit und seine hohe Härte aus. Sein spezifischer elektrischer Widerstand ist hoch (10^{14} Ωcm bei 25°C). Während die Zähigkeit mit zunehmendem TiO_2-Gehalt wächst, verringert sich der spezifische elektrische Widerstand. In Verbindung mit der großen Härte des Al_2O_3 hat dieses Pulver eine hohe Verschleißfestigkeit. Der TiO_2-Zusatz betrug etwa 2,5 % [14]. Als Zwischenschichtwerkstoff wurde die Legierung NiCr 80/20 benutzt.

Als Grundmaterial wurde Stahl St 37 verwendet. Die Abmessungen des Grundwerkstoffes sind bei den einzelnen Versuchsreihen angegeben. Der zur Oberflächenaufrauhung verwendete Hartgußkies hatte nach Firmenangaben eine Korngröße von 0,3 ... 0,5 mm (lichte Maschenweite). Vergleichsweise wurde als Strahlmittel Korund gleicher Korngröße gewählt. Bei den Spritzversuchen wurde als Plasma- sowie als Pulverfördergas stets Stickstoff mit einem Reinheitsgrad von 99,97 % verwendet. Der Reinheitsgrad des bei weiteren Untersuchungen eingesetzten Argons lag bei 99,95 %. Beide Gase wurden handelsüblichen Stahlflaschen entnommen.

6. Untersuchungen zur Erfassung des Einflusses der Einstellparameter auf die im eingeschnürten, nichtübertragenen Lichtbogen abfallende Spannung

Als Parameter von Einfluß auf die Lichtbogenspannung sind beim verwendeten Plasmastrahlerzeuger die Stromstärke, die Plasmagasmenge und -art, die Düsengeometrie und der Elektrodenabstand zu nennen. Die in Abb. 22 dargestellte Abhängigkeit zeigt, daß bei konstanter Argon-Plasmagasmenge mit steigender Stromstärke die Spannung abfällt. Als Grund dafür sind die Aufweitung der Bogensäule infolge stärkerer Joule'scher Aufheizung und die Verringerung des Anodenfalls zu nennen. Im Bereich von 350 bis 450 A ist bei den gewählten Versuchsdaten ein plötzlicher Spannungsabfall festzustellen. In diesem Stromstärkebereich verkürzt sich der Lichtbogen stark und der Lichtbogenfußpunkt setzt sich in der Hohlanode fest. Oberhalb von 400 bzw. 450 A steigt bei der jetzt eingenommenen kürzeren Lichtbogenlänge die Brennspannung wiederum an. Bei gegenläufiger Versuchsdurchführung nimmt der Lichtbogen erst unterhalb des genannten Stromstärkebereichs wieder die größere Lichtbogenlänge ein und der anodische Brennfleck wird wiederum instationär. Es ergibt sich damit eine Lichtbogenkennlinie, die formal einer Hysterese ähnlich ist. Mit steigender Argon-Plasmagasmenge wird bei konstanter Stromstärke ein Anstieg der Lichtbogenspannung ermittelt (Abb. 23). Infolge der höheren Strömungsgeschwindigkeit des Plasmagases werden die Randzonen des Lichtbogens stärker gekühlt. Dadurch schnürt sich der Bogen immer mehr ein, wodurch die Feldstärke erhöht wird (thermischer Pincheffekt). Ferner vergrößert sich durch die steigende Strömungsgeschwindigkeit der Anodenfall, da dem Anodenfallgebiet vermehrt Wärme entzogen wird. Schließlich werden durch den höheren Plasmagasdurchsatz die Strombahnen verlängert. Der Einsatz von Gaszuführungsstücken nach Abb. 5 mit wendelförmigen Gasführungsnuten führt gegenüber den Spannungswerten bei axialer Gaszufuhr zu einem größeren Spannungsabfall im Lichtbogen, vor allem bei Plasmagasmengen von $Q_{PAr} \geqq 20$ Nl/min. Der Grund hierfür liegt in einer verstärkten Einschnürung des Lichtbogens.

Für Stickstoff als Plasmagas ist gegenüber Argon bei sonst gleichen Einstelldaten eine höhere Betriebsspannung erforderlich. Bestimmend für den größeren Spannungsabfall sind Länge und Querschnitt des Bogens, ferner die stark temperaturabhängige elektrische Leitfähigkeit des Plasmagases. Aufgrund von Schmelzspuren in der Hohlanode stellt man für Stickstoff gegenüber Argon einen verlängerten Bogen fest. Ferner ist im Temperaturintervall von 6000 bis 15000 ^{o}K die elektrische Leitfähigkeit von Argon wesentlich größer als die von Stickstoff (Abb. 2). Höhere Argonplasmatemperaturen, bei gleicher elektrischer Leistungsaufnahme des Plasmastrahlerzeugers, vergrößern den vorhandenen Unterschied der elektrischen Leitfähigkeit. Die Abhängigkeit der Lichtbogenspannung von der Stromstärke zeigt wie bei Argon eine fallende Tendenz (Abb. 24). Der für das Plasmagas Argon bei der gewählten Düsengeometrie typische plötzliche Abfall der Lichtbogenspannung tritt in dem untersuchten Stromstärkebereich bei Stickstoff nicht auf. Die Abhängigkeit der Lichtbogenspannung von der Plasmagasmenge zeigt bei konstanter Stromstärke wie bei Argon eine ansteigende Tendenz (Abb. 25). Die Krümmung der Kurve deutet darauf hin, daß sich der Lichtbogen, beginnend bei einem Gasverbrauch von 6 Nl/min, mit zunehmendem Plasmagasdurchsatz zunächst stark einschnürt und verlängert, während ab 20 Nl/min der Einfluß schwächer wird.

Den erwartungsgemäßen Einfluß des Elektrodenabstandes auf die Lichtbogenspannung bei konstanter Stromstärke zeigt Abb. 26. Bei geringem Elektrodenabstand wirkt sich die Stromstärkenänderung weniger auf die Spannung aus. Die in Abb. 27 wiedergegebene Abhängigkeit der Lichtbogenspannung vom Düsendurchmesser ergibt sich in der Tendenz über den gesamten untersuchten Stromstärkebereich von 150 bis 450 A. Bei konstanter Stromstärke wandert unter gleichen Einstelldaten der anodische Lichtbogenfußpunkt mit zunehmendem Düsendurchmesser immer weiter in den Düsenkanal hinein, wobei die Spannung zunimmt.

Durch den Einsatz von Gaszuführungsstücken mit wendelförmigen Gasführungsnuten wird auch bei Verwendung von Stickstoff als Plasmagas die im Lichtbogen abfallende Spannung gegenüber der bei axialer Gaszufuhr erhöht. Bei 20 Nl/min ist der Einfluß noch unbedeutend. Bei Gasdurchsätzen $\geqq$ 30 Nl/min steigt dagegen mit zunehmender Verdrillung die Lichtbogenspannung bei konstanter Stromstärke an.

7. Versuche zur Lichtbogenfußpunktbewegung innerhalb der Hohlanode des Plasmaspritzgerätes

Ausschlaggebend für die Standzeit von Hohlanoden ist deren thermische Belastung an den Lichtbogenansatzstellen. Aufgrund eigener Erfahrungen und nach Moritz, Neumann und Rademacher [118] kommen bei Hochstrombögen zwei verschiedene Arten von Anodenansätzen vor: diffuse und brennfleckartige. Diffuse entstehen bei Bögen, bei denen die Plasmaströmung durch die Anode gestaut wird. Eine solche Anordnung tritt z. B. beim Plasmaschweißen mit übertragenem Lichtbogen auf. Die Stromstärke darf hierfür einen Grenzwert von etwa 300 A nicht überschreiten. Der diffuse Ansatz kann sich aber auch unterhalb dieses Grenzwertes der Stromstärke in einen brennfleckartigen umwandeln. Dabei erfolgt ein "Durchschlag" zwischen dem anodenseitigen Ende der Bogensäule und der Anode. Der Hauptteil des elektrischen Stromes fließt dabei über den Brennfleck ab, während ein geringer Teil über den diesen noch umgebenden diffusen Hof abgeführt wird. Versuche an einem Plasmaschweißgerät, bei dem eine Staupunktströmung an der Anode auftritt, ergaben, daß sich bei Stromstärken von weniger als 100 A aufgrund der niedrigen Gasgeschwindigkeiten brennfleckartige Anodenansätze ausbilden, während bei Stromstärken über 100 A ein diffuser Lichtbogenansatzpunkt vorliegt. Trotz starker Wasserkühlung der als Kalorimeter ausgeführten ebenen Kupferanode trat bei brennfleckartigen Ansätzen infolge der hohen Stromdichte eine Materialabtragung auf.

In einer Hohlanode, wie sie bei Plasmaspritzgeräten vorliegt, und bei der das Plasma parallel zur Anodenoberfläche strömt, kann sich nur bei langsamer Strömung ein diffuser Lichtbogenansatzpunkt auf der Anode ausbilden. Sonst tritt aufgrund der mit der schnelleren Strömung verbundenen Abkühlung der anodennahen Plasmagebiete ein brennfleckartiger Ansatz auf. Wird dieser Brennfleck stationär, so wird dadurch innerhalb kürzester Zeit die Kupferdüse zerstört. Deshalb ist ein ständiger Wechsel der anodischen Ansatzstelle des Lichtbogens Voraussetzung für eine hohe Düsenstandzeit.

7.1 Oszillographische Ermittlung der Spannungsschwankungen als Folge von Lichtbogenfußpunktbewegungen unter Anwendung verschiedener Plasmagase

Spuren im Kanal der Hohlanode weisen eindeutig darauf hin, daß die Spannungsoszillationen durch Lichtbogenfußpunktbewegungen und damit verursachte Längenänderungen des Bogens hervorgerufen werden. Der Grund für die anodischen Lichtbogenfußpunktbewegungen sind gasdynamische Kräfte, die aufgrund der axialen Plasmaströmungen bestehen. Als Ursache für den Beginn dieser Bewegungen kann man das Unterschreiten eines kritischen Plasmastrahldurchmessers annehmen. In diesem Zusammenhang sind z. B. bei der Verwendung von Argon als Plasmagas zwei Oszillogrammtypen zu unterscheiden (Abb. 28):

1. Die Spannung ändert sich periodisch;
2. Die Spannung bleibt nahezu konstant.

Die mittlere Schwingungsbreite und die mittlere Frequenz der oszillographisch registrierten Spannungsschwankungen werden durch die Einstelldaten des Plasmastrahlerzeugers bestimmt. Die mittlere Schwingungsbreite der Spannungsänderungen kann bei vorgegebenen Einstellparametern als ein Maß für die Länge des Anodenkanalabschnittes, innerhalb welchem sich die Anodenansatzstelle bewegt, gewertet werden. Eine Vergrößerung dieses Anodenkanalabschnittes ist gleichbedeutend einer geringeren spezifischen örtlichen thermischen Anodenbelastung, die Düse wird thermisch gleichmäßiger beansprucht. Die Änderung der mittleren Schwingungsbreite bei Variation der Einstelldaten kann allerdings nicht allein durch eine Verlängerung oder Verkürzung des Anodenkanalabschnittes, innerhalb welchem sich die Anodenansatzstelle bewegt, erklärt werden. Mit ausschlaggebend für den Betrag der mittleren Schwingungsbreite sind ferner die Dicke der Kaltgasschicht zwischen Bogenplasma und Anodeninnenwand (Einschnürung des Bogens), die Lichtbogenlänge, die elektrische Leitfähigkeit und der Anodenfall. Mit steigendem Gasdurchsatz z. B. schnürt sich bei konstanter Stromstärke der Lichtbogen in zunehmendem Maße ein und wird durch die verstärkte Gasströmung verlängert. Die stärkere Gasströmung bewirkt ferner eine geringere Aufheizung des Lichtbogenplasmas und, da dem Anodenfallgebiet vermehrt Wärme entzogen wird, einen Anstieg des Anodenfalls. Gleichzeitig vergrößert sich mit steigender Plasmagasmenge der Anodenkanalabschnitt, innerhalb welchem sich der Lichtbogenfußpunkt bewegt. Diese Effekte führen bei größeren Gasdurchsätzen zu größeren mittleren Schwingungsbreiten der Spannungsschwankungen (Abb. 31 und Abb. 36).

Bei der verstärkten Plasmagasströmung erfolgt aufgrund der geringeren Aufheizung des Lichtbogenplasmas ein verringerter Wärmetransport zur Anode und infolge der schnelleren Strömung eine stärkere Abkühlung der anodennahen Plasmagebiete. Zusammen mit der verstärkten anodischen Lichtbogenfußpunktbewegung führt dies zu einer verringerten spezifischen örtlichen thermischen Belastung der Hohlanode. Die geringere thermische Belastung und damit die höhere Düsenstandzeit bei größerer mittlerer Schwingungsbreite kann daher außer durch die größere, vom Lichtbogenfußpunkt überstrichene Anodenfläche, durch die geringere mittlere Wärmestromdichte im Brennfleck erklärt werden.

Wie aus Abb. 29 zu entnehmen ist, liegen bei der Verwendung von Argon als Plasmagas die maximalen Schwingungsbreiten der überlagerten Spannungsschwankungen immer im Minimum und im ansteigenden Ast des quellenbedingten Spannungsverlaufs. Die die Düsenstandzeit erhöhenden Spannungsoszillationen treten demnach bei Verwendung von Argon nicht dauernd, sondern intermittierend auf. Bei der Auswertung der Oszillogramme mit Zeitdehnung (Abb. 30) fiel der im Gegensatz zu der Verwendung von Stickstoff weichere Verlauf der Spannungsschwankungen im Bereich kleiner Stromstärken und großer Gasmengen auf. Wie aus Abb. 31 zu entnehmen ist, steigt bei konstanter Stromstärke und sonst gleichen Einstelldaten mit zunehmender Argon-Plasmagasmenge sowohl der Mittelwert der mittleren Schwingungsbreite als auch der Mittelwert der mittleren Frequenz der Spannungsschwankungen an. Unterhalb einer Gasmenge von 18 Nl/min konnten bis etwa 10 Nl/min unregelmäßige Spannungsschwankungen von geringer mittlerer Schwingungsbreite und geringer mittlerer Frequenz festgestellt werden, während bei weniger als 10 Nl/min keine Spannungsoszillationen mehr ermittelt wurden. Um ein Festsetzen des Lichtbogens und damit eine Zerstörung der Hohlanode zu vermeiden, sollten für I = 150 A 18 Nl/min Argon bei dem verwendeten Spritzgerät nach Möglichkeit nicht unterschritten werden.

Bei einem labormäßigen Plasmastrahlerzeuger, der eine in axialer Richtung fünffach unterteilte Anode besitzt, ermitteln Moritz, Neumann und Rademacher [118] ebenfalls Lichtbogenbewegungen. Eine axiale Anodenansatzbewegung äußert sich bei einer derartigen Anordnung darin, daß während einer Zeit Δt mehr als eine Kupferteilanode stromführend ist und daß die Stromverteilung zeitlichen Änderungen unterliegt. Mit steigender Gasmenge stellen die Autoren bei konstanter Stromstärke einen Anstieg der mittleren Schwingungsbreite der Spannungsoszillationen fest. Bei konstanten Stromstärken wird mit steigender Argonplasmagasmenge abhängig vom Stromstärkewert für die mittlere Frequenz sowohl ein Anstieg als auch ein Abfall ermittelt. Die Untersuchungen von Harvey, Simpkins und Adcock [98] zeigen ein umgekehrtes Verhalten. Für Argon als Plasmagas ergeben sich stabile und instabile Lichtbögen, wobei die Spannungsoszillationen nur bei niedriger Gasmenge vorkommen. Inwieweit sich die Tendenz bei den von den Autoren gewählten hohen Stromstärken umkehrt, kann infolge der geringen Angaben über die Versuchsbedingungen nicht geklärt werden.

Die Abhängigkeit des Mittelwertes der mittleren Schwingungsbreite und des Mittelwertes der mittleren Frequenz der Spannungsschwankungen von der Stromstärke zeigt Abb. 32. Bei einer konstanten Plasmagasmenge von 20 Nl/min und konstanten übrigen Einstelldaten fällt mit steigender Stromstärke sowohl der Mittelwert der mittleren Schwingungsbreite als auch der Mittelwert der mittleren Frequenz der Spannungsänderungen. Mit zunehmender Stromstärke erfolgt eine stärkere Aufheizung des Lichtbogenplasmas; eine radiale Aufweitung des Bogens und ein verstärkter Wärmetransport zur Anode ist die Folge. Gleichzeitig verringern sich der Anodenfall und der Anodenkanalabschnitt, innerhalb welchem sich der Lichtbogenfußpunkt bewegt. Dies bedingt einen Abfall der mittleren Schwingungsbreite und führt damit zu einer größeren spezifischen örtlichen thermischen Belastung der Hohlanode. Bei einer Stromstärke von etwa 400 A setzte sich unter den angegebenen Bedingungen der Lichtbogen fest, und es liegen keine Lichtbogenoszillationen mehr vor. Um bei der gewählten Gasmenge und den gewählten Einstelldaten eine Zerstörung der Hohlanode zu vermeiden, ist nur der Stromstärkebereich von 150 A bis 300 A zu empfehlen. Für größere Gasdurchsätze bleibt die Tendenz zur Verringerung des Mittelwertes der mittleren Schwingungsbreite mit steigender Stromstärke erhalten. Mit zunehmender Plasmagasmenge verschiebt sich jedoch das Maximum des Mittelwertes der mittleren Frequenz, das bei der gewählten Plasmagasmenge von 20 Nl/min etwa bei 150 A liegt, in den Bereich höherer Stromstärken.

Mit steigender Stromstärke ermitteln Moritz, Neumann und Rademacher [118] einen Abfall der mittleren Schwingungsbreite der Spannungsoszillationen. Eine eindeutige Abhängigkeit der mittleren Frequenz von der Stromstärke wird von den Autoren nicht festgestellt. Die von Moritz, Neumann und Rademacher [118] dargelegten Untersuchungsergebnisse gelten nur für eine kaskadenförmige Anode. Es ist denkbar, daß die Lichtbogenfußpunktbewegungen innerhalb der Hohlanode durch den kaskadenförmigen Aufbau gestört werden, was die Übertragung dieser Ergebnisse auf die Verhältnisse bei Düsen, wie sie beim Plasmaspritzen eingesetzt werden, erschweren würde. Die Existenz von Spannungsschwankungen bei der Verwendung von Argon als Plasmagas wird auch von Brückner [77] und Matting, Delventhal, Gramberg [45; 84] festgestellt.

Verwendet man Stickstoff als Plasmagas, so ist bei allen Einstelldaten zu beobachten, daß die Spannungsschwankungen, die dem quellenbedingten Spannungsverlauf überlagert sind, nicht bevorzugt in besonderen Phasenlagen, sondern ständig auftreten (Abb. 33). Zur Auswertung wurde der Bereich der maximalen Spannungsschwankungen, der nach Abb. 33 im Maximum der quellenbedingten Wechselanteile liegt, zeitlich gedehnt. Aus dem in Abb. 34 oben rechts dargestellten Oszillogramm geht der für Stickstoff typische Spannungsverlauf hervor. Die Spannung steigt diskontinuierlich auf ein Maximum an, um dann plötzlich innerhalb einer Zeit von etwa $2 \cdot 10^{-5}$ s abzufallen. Die Zeit, in der der Anstieg erfolgt, nimmt mit abnehmender Gasmenge zu, während die Zeit des Spannungsabfalles nahezu gleich bleibt (Abb. 35). Der obere Teil des Spannungsanstieges wird mit abnehmender Gasmenge flacher. Auffallend ist - wie bei Argon als Plasmagas - die Periodizität der Spannungsänderungen, die auf eine ziemlich gleichmäßige Bewegung des Lichtbogenansatzes im Innern des Anodenkanals hindeutet. Die Diagramme in Abb. 36 zeigen, daß mit steigender Plasmagasmenge sowohl der Mittelwert der mittleren Schwingungsbreite als auch der Mittelwert der mittleren Frequenz der Spannungsschwankungen ansteigt. Eine Erklärung für dieses Verhalten wurde schon bei den Versuchen mit Argon als Plasmagas gegeben. Im Hinblick auf eine geringe spezifische örtliche thermische Düsenbelastung ergibt sich damit die Forderung nach hohen Gasmengen; als untere Grenze kann bei dem Versuchsgerät 10 Nl/min angegeben werden. Aus Abb. 37 geht die Abhängigkeit des Mittelwertes der mittleren Schwingungsbreite und des Mittelwertes der mittleren Frequenz von der Stromstärke hervor. Stromstärken unterhalb von 350 A ergeben bei den gewählten Einstelldaten hinsichtlich der spezifischen örtlichen thermischen Belastung der Düse die günstigsten Verhältnisse. Jedoch war auch noch bei Stromstärken von 450 A bis 500 A ein gutes Betriebsverhalten gegeben. Die Versuche ergaben, daß ein Überschreiten der kritischen Stromstärke für die thermische Belastung der Hohlanode an den Lichtbogenansatzstellen weniger nachteilig ist als das Unterschreiten der kritischen Gasmenge.

Bei Steigerung des Elektrodenabstandes in einem Bereich von 0,9 bis 3 mm vergrößert sich mit großen Streuungen der Mittelwert der mittleren Schwingungsbreite (Abb. 38), womit eine verringerte spezifische örtliche thermische Belastung der Düse zu erwarten ist. Der Mittelwert der mittleren Frequenz fällt in diesem Bereich mit steigendem Elektrodenabstand geringfügig ab. Abb. 39 zeigt den Einfluß des Düsendurchmessers. Mit zunehmendem Düsendurchmesser steigt der Mittelwert der mittleren Schwingungsbreite an, dagegen fällt der Mittelwert der mittleren Frequenz ab. Dies gilt für den gesamten Stromstärkebereich von 150 A bis 450 A. Bei verschiedenen Kanallängen von 19,5; 30 und 40 mm wurde bei sonst gleicher Düsengeometrie bei größeren Werten ein geringerer Mittelwert der mittleren Schwingungsbreite festgestellt, während der Mittelwert der mittleren Frequenz bei 30 mm ein Maximum ergab. Diese Tendenz gilt bei einer Plasmagasmenge von 20 Nl/min für den gesamten untersuchten Stromstärkebereich von 150 bis 450 A.

Neben den Untersuchungen für die reinen Gase Argon und Stickstoff wurden auch Versuche mit Gemischen beider Gase durchgeführt. Abb. 40 zeigt, wie sich der Mittelwert der mittleren Schwingungsbreite und der Mittelwert der mittleren Frequenz der Spannungsschwankungen bei konstanter Plasmagasmenge und sonst konstanten Daten mit der Zusammensetzung des Argon-Stickstoff-Plasmagases ändern.

Da bei Stickstoff plötzliche Spannungsabfälle charakteristisch sind (Abb. 34 oben), mußte geklärt werden, ob während der Zeit des Spannungsabfalles von etwa $2 \cdot 10^{-5}$ s der Lichtbogen nach Erreichen seiner maximalen Länge abreißt und anschließend an einer günstigeren Anodenstelle wieder neu zündet. Wäre dies der Fall, so müßte sich auf den Oszillogrammen eine Tendenz zur Einstellung der Leerlaufspannung erkennen lassen. Um mit Sicherheit eine dauernde Existenz des Lichtbogens feststellen zu können, wurde neben der Spannung die Stromstärke oszillographiert. Wird der Stromfluß während der Zeit des Spannungsabfalles nicht unterbrochen, so ist die dauernde Existenz eines Lichtbogens bewiesen. Aus den Oszillogrammen geht eindeutig hervor, daß bei Stromstärken $\geqq$ 250 A stets ein Strom fließt (Abb. 41). Bei Stromstärken < 250 A kann aufgrund des quellenbedingten Stromverlaufs die Stromstärke im Minimum der Schwingung Null werden (Abb. 33 oben). Auf gleiche Weise konnte bei Argon die dauernde Existenz eines Lichtbogens nachgewiesen werden.

Die beschriebenen Untersuchungen wurden ausnahmslos ohne Pulverzufuhr durchgeführt. Die Ermittlung der Mittelwerte der mittleren Schwingungsbreite und der mittleren Frequenz der Spannungsoszillation, d. h. der Lichtbogenbewegungen mit Pulverzufuhr, führte bei stichprobenartiger Untersuchung zu den gleichen Ergebnissen, so daß die hier dargelegten Ergebnisse sich in Tendenz und Betrag auch auf die Verhältnisse beim Plasmaspritzen übertragen lassen.

7.2 Lichtintensitätsmessung am eingeschnürten, nichtübertragenen Lichtbogen

Die Versuche zur anodischen Lichtbogenfußpunktbewegung weisen deren Zusammenhang mit Spannungsschwankungen nach. Das bedeutet, daß auch die elektrische Leistungsaufnahme des Plasmastrahlerzeugers zeitlichen Änderungen unterworfen ist. Da die im Lichtbogen umgesetzte Leistung für dessen Intensität verantwortlich ist, sollten ebenfalls synchrone Helligkeitsschwankungen nachweisbar sein. Den Oszillogrammen (Abb. 34) ist zu entnehmen, daß die Intensitätsmaxima den Spannungsmaxima bzw. den Stromstärkeminima geringfügig nacheilen. Eine unmittelbare Zuordnung der beiden im rechten Teil von Abb. 34 dargestellten Oszillogramme ist wegen verschiedener Aufnahmezeitpunkte nicht möglich. Im linken Teil von Abb. 34 sind aus diesem Grund das Fotodiodensignal, die Spannungs- und die Stromstärkeschwankungen gleichzeitig oszillographiert worden. Ein Vergleich der elektrischen Leistungsoszillation mit dem Fotodiodensignal ergibt bezüglich der mittleren Frequenz eine Übereinstimmung. Das Maximum des Fotodiodensignals läuft dem Leistungsmaximum im Mittel um etwa 80 μs nach. Dies wird darauf zurückgeführt, daß das Helligkeitsmaximum von der Meßeinrichtung erst dann voll erfaßt werden kann, wenn das leuchtende Gas bereits aus der Düsenmündung ausgetreten ist. Die Richtigkeit dieser Überlegung wird durch die Rechnung bestätigt. Aus der Zeitverschiebung der beiden Maxima und einer mittleren Laufstrecke von 30 mm ergibt sich eine Geschwindigkeit für das ausströmende Gas von etwa 380 m/s, was größenordnungsmäßig mit der in Kap. 8.2 bestimmten mittleren Plasmastrahlgeschwindigkeit am Düsenmund übereinstimmt.

Nach Harvey, Simpkins und Adcock [98] sollen bei Stickstoff als Plasmagas Lichtbogenstrom- und Lichtintensitätsschwankungen in Phase sein, was aufgrund eigener Versuche und der von Jahn [101; 102] für Argon nicht bestätigt werden kann.

7.3 Bestimmung der Lichtbogenfußpunktbewegung innerhalb der Düse in Umfangsrichtung mit Hilfe der Hochgeschwindigkeitsfotografie

Aufnahmen des Düsenkanals entgegen der Plasmaströmungsrichtung erlauben eine qualitative Beurteilung der Lichtbogenfußpunktbewegung in Umfangsrichtung der Hohlanode. Für das Plasmagas Argon wurden zwei Hochgeschwindigkeitsfilme bei jeweils extremen Stromstärken aufgenommen. Aufgrund der Abhängigkeit $\overline{U_{ppm}} = f(I)$ (Abb. 32) wurden als Stromstärken $I = 130$ A und $I = 450$ A gewählt. Die übrigen Betriebsbedingungen waren $Q_{PAr} = 40$ Nl/min, $d = 5$ mm, $l = 19{,}5$ mm, $a_E = 2{,}5$ mm und $z = 0$. Die Aufnahmefrequenz für Film I betrug 8750 Bilder/s für die niedere Stromstärke und die für Film II 8200 Bilder/s. Beim axial genuteten Gaszuführungsstück ($z = 0$) bewegt sich der Lichtbogenfußpunkt für die kleinere Stromstärke vorwiegend in einem Winkelbereich von etwa 120° auf der Kupferhohlanode. Deutlich ist festzustellen, daß der Lichtbogen in der Bildprojektion immer geradlinig von der Elektrodenspitze auf den Umfang der Hohlanode brennt (Abb. 42). Der Film für die hohe Stromstärke läßt deutlich einen festsitzenden Lichtbogenfußpunkt erkennen. Einen Beweis für die gleichzeitige Existenz zweier Lichtbögen bietet Abb. 42. Hier sind deutlich zwei Lichtbögen zu erkennen. Das zugehörige Spannungsoszillogramm zeigt im Bereich des Bildes keinerlei plötzliche Spannungsänderung, die bei der Existenz der Lichtbögen nacheinander eintreten müßte. Damit ist für Argon die mögliche gleichzeitige Existenz zweier Lichtbögen bzw. eines geteilten Bogens nachgewiesen.

Aus den Oszillogrammen von Moritz, Neumann und Rademacher [118] geht hervor, daß bei der Verwendung von Argon als Plasmagas zeitweilig zwei axial hintereinander angeordnete Teilanoden gleichzeitig stromführend sind, woraus ebenfalls auf die gleichzeitige Existenz zweier Lichtbogenansätze geschlossen wird. Eine Lichtbogenfußpunktbewegung auf dem Umfang der Hohlanode wird jedoch mit einer dreifach längsgeteilten Anode von den gleichen Autoren nicht festgestellt. Bei der Anwendung von Stickstoff als Plasmagas wurden zwei Filme mit unterschiedlichen Gasmengen von 2 Nl/min und 28 Nl/min aufgenommen. Die übrigen Einstelldaten waren beim axialen Gaszuführungsstück ($z = 0$), $I = 250$ A, $d = 5$ mm, $l = 19{,}5$ mm und $a_E = 2{,}5$ mm. Die Aufnahmefrequenz für beide Filme betrug etwa 8500 Bilder/s. Bei der größeren Gasmenge erkennt man einen scharf abgegrenzten Lichtbogen, der unregelmäßige Bewegungen auf dem Umfang der Hohlanode ausführt (Abb. 43). Dabei überstreicht der anodische Lichtbogenansatz den ganzen Anodenumfang und der Lichtbogen brennt in der Bildprojektion stets geradlinig von der Kathode auf die Anode. Deutlich sind auf einigen Bildern mehrere Lichtbögen zu erkennen. Die gleichzeitige Existenz zweier Lichtbogenansätze läßt sich für Stickstoff als Plasmagas nicht eindeutig nachweisen, da z. B. das zu dem Einzelbild A gehörige Oszillogramm B eine plötzliche Spannungsänderung zeigt. Bei der niedrigen Gasmenge bevorzugt der Lichtbogenfußpunkt einen Bereich der Hohlanode von etwa 120° und hat eindeutig die Neigung zum Festsetzen. Auf keinem Bild des Filmes lassen sich mehrere Lichtbogenansätze feststellen. Die Grenzen der Lichtbogenaureole sind nicht so scharf abgegrenzt wie bei hoher Gasmenge. Der Lichtbogen füllt den Anodenkanal stärker aus. Der anodische Lichtbogenansatz scheint diffus zu sein.

Die Hochgeschwindigkeitsaufnahmen des Düsenkanals weisen sowohl für das Plasmagas Argon als auch für Stickstoff Lichtbogenfußpunktbewegungen in Umfangsrichtung der Hohlanode nach. Der axialen Lichtbogenfußpunktbewegung ist also eine Bewegung auf dem Anodenumfang überlagert.

7.4 Darstellung der Versuchsergebnisse im Wahrscheinlichkeitsnetz

Bei der Untersuchung der anodischen Lichtbogenfußpunktbewegung innerhalb der Düsen von Plasmaspritzgeräten treten gewisse unkontrollierbare Einflüsse auf, die eine Streuung der Meßergebnisse verursachen. Für die graphische Darstellung der Ergebnisse wird die Summenkurve im Wahrscheinlichkeitsnetz gewählt (Abb. 44 und Abb. 45). Die Eintragung der Meßwerte in dieses Netz erfolgt für den kleinen Stichprobenumfang nach Graf, Henning und Stange [5; 7]. Die geringfügigen Abweichungen der mittleren Meßwerte von einer Geraden zeigen, daß bei beiden Versuchsreihen Gaußverteilungen vorliegen. Die Mittelwerte und die Standardabweichungen, die zur Beschreibung einer Verteilung ausreichen, können dem Wahrscheinlichkeitsnetz entnommen werden. Der Variationskoeffizient, d. h. der Quotient von Standardabweichung und Mittelwert, ermöglicht den Vergleich zweier Verteilungen. Bei der Verwendung von Stickstoff als Plasmagas ergibt sich hinsichtlich der mittleren Schwingungsbreite ein geringerer Variationskoeffizient als bei Argon. Die Spannungsschwankungen sind bezüglich des Meßwertes Schwingungsbreite bei Stickstoff regelmäßiger, d. h. bei Stickstoff treten, bezogen auf den Mittelwert, geringere Meßwertstreuungen auf. Vergleicht man dagegen die Variationskoeffizienten der beiden Verteilungen hinsichtlich der mittleren Frequenz, so ergeben sich für Argon günstigere Verhältnisse.

7.5 Erklärung der Vorgänge innerhalb der Hohlanode

Der anodische Brennfleck, der sich zunächst in Kathodennähe ausbildet, wird durch das nachströmende Plasmagas düsenabwärts getrieben. Mit dieser Verlängerung des Lichtbogens ist infolge Widerstandsveränderung ein Spannungsanstieg verbunden. Hat der Lichtbogen eine kritische Länge erreicht, so erfolgt aufgrund der vorhandenen Feldstärke ein "Durchschlag" zwischen dem kathodenseitigen Ende der Bogensäule und der Anodeninnenfläche. Der erste Brennfleck erlischt bald, was sich in einem plötzlichen Spannungsabfall äußert, der bei Stickstoff in einer Zeit von etwa $2 \cdot 10^{-5}$ s und bei Argon in etwa $4 \cdot 10^{-5}$ s erfolgt. Der neue Brennfleck wandert dann wieder düsenabwärts, was einem erneuten Spannungsanstieg gleichkommt. Dieser axialen Bewegung des Anodenflecks ist, wie in Kap. 7.3 beschrieben, eine Bewegung in Umfangsrichtung der Hohlanode überlagert. Die Versuche zeigen, daß die Oszillationen dann auftreten, wenn man bei Verwendung von Argon als Plasmagas die Stromstärke verringert oder die Gasmenge vergrößert. Aus Hochgeschwindigkeits-Filmaufnahmen ist zu entnehmen, daß diese beiden Faktoren eine Verringerung des Lichtbogenquerschnittes zur Folge haben.

8. Kalorimetrische Untersuchungen zur Ermittlung der Kenndaten des Plasmaspritzgerätes

Als Kenndaten eines Plasmaspritzgerätes werden die thermische Verlustleistung, der Gerätewirkungsgrad, die mittlere Plasmastrahltemperatur an der Düsenmündung sowie die mittlere Plasmastrahlgeschwindigkeit an der Düsenmündung angesehen. Die Ermittlung des Einflusses der Verfahrensparameter auf die genannten Kenndaten gestattet die Einstellung von Spritzdaten mit günstigem thermischen Wirkungsgrad.

8.1 Ermittlung der thermischen Verlustleistung und des Gerätewirkungsgrades unter Anwendung verschiedener Plasmagase

Bei Verwendung von Argon als Plasmagas kann sich der Lichtbogen, je nach Einstelldaten und Düsengeometrie, im Bereich von 350 bis 450 A in der Hohlanode festsetzen. Dieses Verhalten führt zu einem steilen Anstieg der an das Kühlwasser abgeführten Leistung und damit verbunden zu einem rapiden Abfall des Gesamtwirkungsgrades. Es tritt örtlich eine starke thermische Belastung der Hohlanode auf, die zu einer baldigen Zerstörung der Düse führt. Überschreitet man bei der gewählten Versuchsdurchführung die kritische Stromstärke und durchfährt man dann denselben Stromstärkebereich gegenläufig, so entsteht für die Kühlwasserleistung in Abhängigkeit von der elektrischen Leistung eine Kurve, die formal an eine Hysterese erinnert. Der Lichtbogen versucht, möglichst lange die alte Stellung innerhalb der Hohlanode beizubehalten, d. h. der anodische Brennfleck wird erst bei Stromstärken, die kleiner sind als die kritische Stromstärke, wieder instationär. Die Werte, die sich in dem geschilderten Fall für die Kühlwasserleistung und den Wirkungsgrad ergeben, sind nicht in die Diagramme dieser Arbeit aufgenommen worden.

Bei der gewählten Versuchsdurchführung zeigt Abb. 46 das Verhalten unterhalb dieses kritischen Grenzwertes der Stromstärke. Dem Diagramm ist zu entnehmen, daß mit zunehmender elektrischer Leistungsaufnahme des Plasmastrahlerzeugers die an das Kühlwasser abgegebene Leistung linear ansteigt. Mit steigender elektrischer Leistung erfolgt eine stärkere Aufheizung und damit verbunden eine Aufweitung des Lichtbogens innerhalb des Düsenkanals. Die vom Gas konvektiv zur Anode transportierte Wärmemenge wird größer und der Temperaturgradient zwischen Plasmastrahl und Anodenkanalinnenwand steigt an. Das führt zu einem Anstieg der thermischen Verlustleistung. Der Wirkungsgrad verringert sich in dem untersuchten Leistungsbereich mit steigender elektrischer Leistungsaufnahme. Die in Abb. 46 für die Plasmagasmengen 38 Nl/min und 20 Nl/min dargestellten Abhängigkeiten geben Auskunft über die Reproduzierbarkeit der Ergebnisse. Die ausgefüllten Symbole kennzeichnen jeweils den Wiederholungsversuch. Bei der Plasmagasmenge von 38 Nl/min ist das Spritzgerät zwischen den beiden Versuchsreihen nicht abgeschaltet worden. Der Leistungsbereich von 3,3 bis 6 kW wurde nacheinander gleichsinnig durchfahren. Die Ergebnisse der beiden Versuchsreihen zeigen eine völlige Übereinsteimmung. Bei einer Plasmagasmenge von 20 Nl/min ist zwischen den beiden Versuchsreihen die Hohlanode ausgewechselt und der Leistungsbereich in gleicher Richtung durchfahren worden.

Wie die Ergebnisse zeigen, ergibt sich für beide Versuchsreihen praktisch der gleiche Kurvenverlauf.

Für ein Laborgerät ermittelt Meyer [117] bei konstanter Stromstärke und konstanten Düsenabmessungen mit steigender Argonplasmagasmenge einen Anstieg der Plasmastrahlleistung und des Wirkungsgrades. Eine eindeutige Abhängigkeit der genannten Kenngrößen von der Plasmagasmenge ist damit jedoch nicht bestimmt worden, da mit steigendem Gasdurchsatz bei konstanter Stromstärke die Spannung und damit die elektrische Leistungsaufnahme des Gerätes ansteigen. Aus diesem Grund sind eigene Versuche dieser Art bei konstanter elektrischer Leistungsaufnahme durchgeführt worden. Für drei verschiedene Plasmastrahlerzeuger bestimmt Neumann [122] unter Verwendung von Argon als Plasmagas die Plasmastrahlleistung in Abhängigkeit von den Versuchsparametern Stromstärke und Plasmagasmenge. Die experimentellen Ergebnisse werden von dem Autor für jedes Plasmagerät in Form einer mathematischen Beziehung angegeben, die für die einzelnen Geräte unterschiedlich ist. Bei Verwendung von Argon als Plasmagas untersucht Neumann [123] die Abhängigkeit der Plasmastrahlkenngrößen von der Lichtbogenlänge, die durch die Konstruktion der drei verwendeten Plasmageräte vorgegeben ist. Bei konstanter Stromstärke und konstantem Düsendurchmesser stellt der Autor fest, daß sich mit zunehmender Bogenlänge die Plasmastrahlleistung vergrößert und der Wirkungsgrad verringert.

Trägt man wie in Abb. 47 die Kühlwasserleistung bzw. den Wirkungsgrad bei konstanter elektrischer Leistungsaufnahme über der Plasmagasmenge auf, so sinkt mit zunehmendem Argondurchsatz die an das Kühlwasser abgegebene Leistung, während der Wirkungsgrad ansteigt. Mit zunehmendem Plasmagasdurchsatz schnürt sich bei konstanter elektrischer Leistungsaufnahme des Plasmastrahlerzeugers der Lichtbogen immer mehr ein und die Aufheizung des Plasmagases wird geringer. Die vom Gas konvektiv zur Anode transportierte Wärme verringert sich und der Temperaturgradient zwischen Plasmastrahl und Anodenkanalinnenwand nimmt ab. Im Vergleich zu kleinen Plasmagasmengen ist deshalb bei größeren Gasdurchsätzen die Verlustleistung niedriger. Spritztechnisch ist es im Hinblick auf einen günstigen thermischen Wirkungsgrad nur sinnvoll, die Plasmagasmenge soweit zu steigern, wie eine optimale Erschmelzung des Spritzpulvers und ein wirtschaftlich vertretbarer Auftragswirkungsgrad gewährleistet sind (Kap. 10.4).

Bei den Versuchen unter Verwendung von Stickstoff als Plasmagas oszilliert im einstellbaren Stromstärkebereich der anodische Lichtbogenfußpunkt dauernd. Aus diesem Grund ist es, wie Abb. 48 für eine Plasmagasmenge von 10 Nl/min zeigt, gleichgültig, ob der Leistungsbereich steigend (□) oder fallend (+) durchfahren wird. Die für Argon ermittelte Linearität zwischen der Kühlwasserleistung und der elektrischen Leistung gilt auch für das Plasmagas Stickstoff.

Die bei den Versuchen erreichte gute Reproduzierbarkeit läßt sich durch die für die Plasmagasmengen 20, 40 und 50 Nl/min dargestellten Meßergebnisse belegen. Die ausgefüllten Symbole bei den entsprechenden Plasmagasmengen kennzeichnen den Wiederholungsversuch bei nichtabgeschalteter Plasmaanlage. Für die Plasmagasmenge von 40 Nl/min ist ferner nach vorherigem Austausch der Hohlanode ein zweiter Wiederholungsversuch (x) durchgeführt worden. Die Ergebnisse dieser Versuchsreihe zeigen ebenfalls eine gute Übereinstimmung mit den Ergebnissen der ersten beiden Versuchsreihen. Abb. 48 zeigt ferner, wie sich der Wirkungsgrad mit steigender elektrischer Leistung ändert. Auch bei Stickstoff ergibt sich, daß mit zunehmender elektrischer Leistungsaufnahme der Wirkungsgrad abfällt, wobei der Kurvenverlauf mit zunehmendem Gasdurchsatz immer flacher wird. D. h. bei hohen Plasmagasmengen wirkt sich die gleiche Leistungserhöhung weniger stark auf den Wirkungsgrad aus. Bei einer konstanten elektrischen Leistungsaufnahme und sonst konstanten Einstelldaten nimmt mit steigender Stickstoff-Plasmagasmenge die Verlustleistung ab (Abb. 49). Bei gleichen Verhältnissen ist damit mit zunehmender Plasmagasmenge ein Anstieg des Wirkungsgrades festzustellen.

Von Einfluß auf die Kühlwasserleistung und den Wirkungsgrad sind ferner der Elektrodenabstand a_E und der Düsendurchmesser d. Mit zunehmendem Elektrodenabstand fällt die an das Kühlwasser abgegebene Leistung ab; demzufolge steigt der Wirkungsgrad an (Abb. 50). Die gleiche Tendenz zeigen Kühlwasserleistung und Wirkungsgrad mit steigendem Düsendurchmesser (Abb. 51). Bei kleinerem Düsendurchmesser füllt der Lichtbogen den Düsenkanal stärker aus, die Gastemperatur an der Düsenwand steigt an.

Einen Vergleich der beiden Plasmagase Argon und Stickstoff läßt Abb. 52 zu. Aus diesem Diagramm geht hervor, daß mit zunehmendem Stickstoffanteil im Argonplasmagas die thermische Verlustleistung bei konstanter elektrischer Leistungsaufnahme des Plasmastrahlerzeugers abnimmt, während unter gleichen Einstellbedingungen der Wirkungsgrad ansteigt. Im Hinblick auf einen günstigen thermischen Wirkungsgrad beim Spritzen ist Stickstoff als Plasmagas geeigneter als Argon. Bei der Auswahl des Plasmagases muß jedoch in jedem Fall das chemische Verhalten der Spritzwerkstoffe in der entsprechenden Gasatmosphäre berücksichtigt werden.

8.2 Berechnung von mittlerer Plasmastrahltemperatur und mittlerer Plasmastrahlgeschwindigkeit aus den kalorimetrisch gewonnenen Ergebnissen

Nach dem ersten Hauptsatz der Thermodynamik ist die Summe der einem System von außen zugeführten Wärme und der am System geleisteten Arbeit gleich der Zunahme der inneren Energie:

$$dU = dQ+dA = (dQ-d(pV)) \qquad (16)$$

Im Fall des Plasmaspritzgerätes wird am Gas keine äußere Arbeit geleistet, sondern nur Wärme zugeführt. Die gesamte zugeführte Wärme wird zur Erhöhung der Enthalpie des Plasmagases aufgewendet.

Die Abschätzung der mittleren Plasmastrahltemperatur an der Düsenmündung ist somit, thermisches Gleichgewicht voraussetzend, über die mittlere Enthalpiezunahme, die sich aus dem Quotient der Plasmastrahlleistung N_{Pl} und dem Massendurchsatz $\dot{m}$ ergibt, möglich. Zu dieser Enthalpiezunahme muß in unserem Fall noch die Enthalpie des betreffenden Plasmagases bei $293^{O}K$

addiert werden, um anschließend mit der Gesamtenthalpie aus dem Diagramm h = f (T) [1; 3] die mittlere Plasmastrahltemperatur ermitteln zu können (Abb. 53). Die mittlere Plasmastrahlgeschwindigkeit an der Düsenmündung (Austrittsquerschnitt F) läßt sich aus dem Kontinuitätssatz bestimmen:

$$v_m = \frac{\dot{m}}{\rho \cdot F} \tag{17}$$

$$(\dot{m} = \rho_{760\ \mathrm{Torr},0^\circ\mathrm{C}} \cdot Q_P)$$

Die Dichte ρ ist bei der mittleren Plasmastrahltemperatur dem Diagramm ρ = f (T) [1; 3] (Abb. 53) zu entnehmen.

Mit zunehmender elektrischer Leistung steigen bei der Verwendung von Argon als Plasmagas die mittlere Plasmastrahltemperatur und mittlere Plasmastrahlgeschwindigkeit jeweils linear an (Abb. 54). Die Plasmastrahlleistung steigt mit zunehmender elektrischer Leistung ebenfalls linear an. Die daraus resultierende Enthalpievergrößerung hat eine Temperaturerhöhung zur Folge, die ihrerseits zu einer Volumenvergrößerung des Gases und damit zu einem Anstieg der mittleren Plasmastrahlgeschwindigkeit an der Düsenmündung führt. Bei konstanter elektrischer Leistungsaufnahme nimmt mit steigender Plasmagasmenge die mittlere Plasmastrahltemperatur ab, während die mittlere Plasmastrahlgeschwindigkeit ansteigt (Abb. 55). Mit steigender Plasmagasmenge und konstanter elektrischer Leistungsaufnahme verringert sich bei steigender Plasmastrahlleistung die Enthalpie des Plasmagases, was zum ermittelten Abfall der mittleren Plasmastrahltemperatur führt. Der Anstieg der mittleren Plasmastrahlgeschwindigkeit ist aus dem größeren Massendurchsatz zu erklären.

Im Gegensatz zu den Ergebnissen bei Argon zeigen bei Verwendung von Stickstoff (Abb. 56) die mittlere Plasmastrahltemperatur und die mittlere Plasmastrahlgeschwindigkeit mit größer werdender elektrischer Leistungsaufnahme einen leicht degressiven Anstieg (vgl. Kap. 8.3). Die Abhängigkeit der mittleren Temperatur bzw. mittleren Geschwindigkeit von der Plasmagasmenge geht aus Abb. 57 hervor.

Zu den kalorimetrischen Messungen ist abschließend zu bemerken, daß die ermittelte Verlustleistung eine Summe von Einzelleistungen ist. Über das Kühlwasser werden die kathodische Verlustleistung, die Wärmeleistung, die im Brennfleck des Lichtbogens auf die Düse übergeht, die Leistung, die beim Durchströmen des heißen Plasmagases durch den Düsenkanal an die Hohlanode abgegeben wird und die Strahlungsverluste abgeführt. Dadurch wird es schwierig, aus den kalorimetrischen Versuchsergebnissen auf die für die Düsenstandzeit wichtige örtliche thermische Belastung der Düsen zu schließen.

8.3 Vergleich der Versuchsergebnisse bei der Anwendung verschiedener Plasmagase

Die kalorimetrischen Untersuchungsergebnisse zeigen, daß die vom Kühlwasser aufgenommene Leistung bei gleicher elektrischer Leistungsaufnahme bei Verwendung von Argon höher liegt, als bei Stickstoff (Abb. 52). Der Argonplasmastrahl hat damit nach Verlassen der einschnürenden Düse bei gleicher elektrischer Leistungsaufnahme des Gerätes im Vergleich zum Stickstoffplasmastrahl eine geringere Enthalpie. Der Grund hierfür liegt in den verschiedenen temperaturabhängigen physikalischen Eigenschaften der beiden Gase. Die zugeführte elektrische Leistung wird vom Plasmagas aufgenommen und zum Teil über Strahlung, Leitung und Konvektion an die Düsenwand abgegeben. Da wegen des Dissoziationsvorganges das Stickstoffplasma im Vergleich zum Argonplasma bei gleicher Enthalpie die niedrigere Temperatur besitzt (Abb. 53), wird vom Stickstoffplasma weniger Wärme an die Düsenwand abgeführt.

Die im folgenden aufgestellten Beziehungen gelten nur für den untersuchten Leistungsbereich. Für beide Plasmagase ergibt sich zwischen der vom Kühlwasser aufgenommenen Leistung N_K und der elektrischen Leistungsaufnahme N_{el} für alle Versuchsreihen eine lineare Abhängigkeit in folgender Form:

$$N_K = n_o \cdot N_{el} - N_o; \quad \begin{matrix} 0 < n_o < 1 \\ N_o > 0 \end{matrix} \tag{18}$$

für Ar: $2\text{kW} \leqq N_{el} \leqq 6\text{kW}$

für N_2: $6\text{kW} \leqq N_{el} \leqq 25\text{kW}$

Für die vom Plasma aufgenommene Leistung gilt entsprechend:

$$N_{Pl} = (1-n_o)N_{el} + N_o \tag{19}$$

Verlängert man die in den Abb. 46 und 48 dargestellten Geraden über den niedrigsten Wert der elektrischen Leistung hinaus, so stellt man fest, daß diese N_K-Achse im negativen Bereich schneiden. Für die Plasmagasmenge von 30 Nl/min Stickstoff lauten z. B. die Konstanten:

$n_o = 0{,}39$

$N_o = 0{,}58$ kW

Der Wirkungsgrad ist definiert als

$$\eta = \frac{N_{Pl}}{N_{el}} = \frac{N_{el}-N_K}{N_{el}} = 1-\frac{N_K}{N_{el}} \tag{20}$$

Setzt man nun (18) in (20) ein, so erhält man für die funktionelle Abhängigkeit des Wirkungsgrades von der elektrischen Leistung

$$\eta = 1-n_o+\frac{N_o}{N_{el}} \tag{21}$$

Für $N_o = 0$ ergeben sich mithin konstante Wirkungsgrade $\eta = 1 - n_o$. Ist $N_o > 0$, so fällt mit steigendem N_{el} der Wirkungsgrad ab, für $N_o < 0$ steigt mit steigendem N_{el} der

Wirkungsgrad an. Beide Kurvenverläufe nähern sich für $N_{el} \rightarrow \infty$ asymptotisch der Geraden $\eta = 1 - n_o$.

Ein Vergleich der mittleren Plasmastrahltemperaturen beider Gase zeigt, daß die mittlere Plasmastrahltemperatur bei gleicher elektrischer Leistungsaufnahme des Gerätes bei Argon größer ist als bei der Verwendung von Stickstoff. Trotz geringerer Leistungsaufnahme und damit auch geringerer Enthalpie ist das Argonplasma nach Verlassen der Hohlanode im Vergleich zum Stickstoffplasma heißer (Abb. 53). Die mittlere Plasmastrahlgeschwindigkeit bei konstanter elektrischer Leistungsaufnahme und konstanter Plasmagasmenge liegt bei Argon ebenfalls höher als bei Stickstoff.

Im folgenden soll der Verlauf $T_m = f\ (N_{el})$ und $v_m = f\ (N_{el})$ rechnerisch begründet werden. Für Argon ist die Abhängigkeit zwischen der Enthalpie h und der Temperatur T in dem ermittelten Temperaturbereich linear (c_p = const) (Abb. 53).

$$h = c_p \cdot T_m \qquad (22)$$

Aus den Versuchsdaten errechnet sich die Enthalpie h zu:

$$h = \frac{N_{Pl}}{\dot{m}} + h_{293^oK} \qquad (23)$$

Damit erhält man:

$$T_m = \frac{1}{c_p}\left(\frac{(1-n_o)N_{el}+N_o}{\dot{m}} + h_{293^oK}\right) \qquad (24)$$

Also ergibt sich bei Argon eine Linearität von T_m und N_{el}.
Im ermittelten Temperaturbereich ist für Argon die Abhängigkeit der Dichte ρ von der Temperatur T durch die ideale Gasgleichung gegeben (Abb. 53):

$$\rho = \frac{p}{R \cdot T} \qquad (25)$$

Damit lautet die Beziehung für die mittlere Plasmastrahlgeschwindigkeit:

$$v_m = \frac{\dot{m} \cdot R}{p \cdot F \cdot c_p}\left(\frac{(1-n_o)N_{el}+N_o}{\dot{m}} + h_{293^oK}\right) \qquad (26)$$

Die funktionelle Abhängigkeit zwischen der mittleren Plasmastrahlgeschwindigkeit und der elektrischen Leistung ist damit für Argon ebenfalls linear.

Ausgehend von dem funktionellen Zusammenhang zwischen der Enthalpie und der Temperatur in dem ermittelten Temperaturbereich ergeben sich für Stickstoff im Vergleich zu Argon grundlegende Unterschiede. Wegen der bei Stickstoff auftretenden Dissoziation der zweiatomigen Molekel trägt nur ein Teil der Plasmastrahlleistung zur Temperatursteigerung bei. D. h. die Enthalpie ist bereits oberhalb von 4000°K keine lineare Temperaturfunktion mehr, sondern steigt stark an. Ferner folgt die Dichte des Stickstoffes oberhalb von 4000°K nicht mehr der idealen Gasgleichung, sondern fällt mit steigender Temperatur zunächst sehr stark, dann jedoch schwächer ab. Als Folge davon ergeben sich entsprechend degressive Verläufe für die Abhängigkeiten der mittleren Plasmastrahltemperatur und der mittleren Plasmastrahlgeschwindigkeit (vgl. Kap. 8.2).

8.4 Darstellung der Kühlwassertemperaturmessungen im Wahrscheinlichkeitsnetz

Von Meßwertdruckern werden für jede Geräteeinstellung die Meßwerte ΔU_1 und ΔU_2 festgehalten. Bei diesen Werten treten Streuungen auf, die durch kurzzeitige Spannungsschwankungen im elektrischen Netz und durch Druckschwankungen in der Wasserleitung verursacht werden. Die graphische Darstellung der Meßergebnisse für die beiden Plasmagase zeigen die Abb. 58 und 59. Bildet man für die dargestellten Gauß-Verteilungen den Variationskoeffizienten, so stellt man für beide Plasmagase, bezogen auf den Mittelwert, geringe Meßwertstreuungen fest.

9. Maßnahmen zur Verbesserung der Düsenstandzeit von Plasmastrahlerzeugern

Von entscheidender Bedeutung für eine hohe Düsenstandzeit ist eine ausreichende Kühlung der Hohlanode. Um diese zu gewährleisten, war eine Abänderung und Erweiterung eines handelsüblichen Kühlwassersystems notwendig (Kap. 4.1). Weiter können die Veränderung des Pulverzuführungsortes und die Steuerung der anodischen Lichtbogenfußpunktbewegung die Düsenstandzeit verbessern.

9.1 Einfluß einer axialen Pulverzufuhr auf die elektrische Leistungsaufnahme des Spritzgerätes

Neben der Temperatur des Plasmastrahles, die für ein bestimmtes Spritzgerät durch Veränderung der Einstellparameter beeinflußt wird, hat die Verweilzeit der Pulverteilchen im Plasmastrahl auf deren Erschmelzung einen großen Einfluß. Die Verlegung der Pulverzuführungsbohrungen (Abb. 4a) in den hinteren Teil des Düsenkanals macht es möglich, das Pulver in die heißeren Zonen des Plasmastrahls einzubringen und die Verweilzeit der Teilchen im Plasmastrahl zu erhöhen. Ein nennenswerter Einfluß der Lage des Pulverzuführungsortes innerhalb des Düsenkanals auf den Erschmelzungsgrad der Pulverteilchen, der über Versuche zum Auftragwirkungsgrad bestimmt wurde, konnte nicht festgestellt werden. Die Möglichkeit, das Pulver zentral durch die Kathode des Spritzgerätes zuzuführen, scheidet aus, da hierbei der kathodische Lichtbogenansatz gestört wird und sich durch Anschmelzung der Kathodenspitze die Pulverzuführungsbohrung leicht zusetzt.

Eine axiale Zuführung des Spritzpulvers durch zwei achsparallele Nuten auf dem Kathodenumfang läßt sich bei dem vorhandenen Spritzgerät dagegen leicht verwirklichen (Abb. 60). Die Kathode wird bis etwa 12 mm vor ihrer Spitze in dem Zuführungsstück für das Plasmagas (1) geführt. Durch die achsparallelen Pulverzuführungsnuten (7), die etwa 8 mm vor der Kathodenspitze auslaufen, tritt das Pulver in den Düsenraum ein. Erfaßt von dem axialen Plasmagasstrom durchläuft das Pulver die heißesten Plasmazonen innerhalb des Gerätes und verläßt nach Aufschmelzen im Düsenkanal das Spritzgerät. Diese Art der Pulverzufuhr ist jedoch nur bei oxidkeramischen, also bei elektrisch nichtleitenden Werkstoffen, einzusetzen. Bei metallischen Pulvern kommt es dagegen leicht zu Kurzschlüssen innerhalb des Spritzgerätes.

Durch die in Abb. 60 gezeigte konstruktive Abänderung des Spritzgerätes ist es bei gleicher Erschmelzung der Aluminiumoxidteilchen möglich, die elektrische Leistungsaufnahme des Plasmastrahlerzeugers um etwa 10 % gegenüber der Leistungsaufnahme bei der Pulverzufuhr innerhalb des Düsenkanals zu verringern. Diese Leistungsverringerung führt zwangsläufig zu einer Erhöhung der Düsenstandzeit. Einschränkend muß jedoch erwähnt werden, daß beim Durchströmen der Pulverteilchen durch die Düsenbohrung häufig Schwierigkeiten auftreten, die durch ein Haften von geschmolzenem Spritzgut an der Kanalwandung bedingt sind. Aufgrund der axialen Plasmaströmung wird der geschmolzene Spritzwerkstoff entlang der Kanalwand düsenabwärts getrieben und löst sich grobtropfig vom Düsenmund ab. Ein weiterer Nachteil liegt in der stark erosiven Wirkung von Keramikpulvern, die zu einem stetigen Verschleiß von Geräteteilen führt. Aus den genannten Gründen wurde deshalb für weitere Versuche die ursprüngliche Pulverzuführungsart beibehalten und bei dieser versucht, durch geeignete Maßnahmen die Düsenstandzeit zu verbessern.

9.2 Steuerung der Bewegung des Lichtbogenfußpunktes auf dem Hohlanodenumfang

Im Hinblick auf höhere Düsenstandzeiten beim Plasmaspritzverfahren ist es günstig, von den zufälligen Bewegungen des anodischen Lichtbogenfußpunktes abzukommen und gesteuerte Bewegungen des anodischen Brennflecks auf dem Düsenumfang zu erreichen. Diese erzwungene Bewegung des Lichtbogenfußpunktes führt zu einer gleichmäßigeren thermischen Belastung der Hohlanode und damit zur Erhöhung ihrer Standzeit.

9.2.1 Beeinflussung der Lichtbogenfußpunktbewegung durch den Einsatz verschiedener Gaszuführungsstücke

Der Einsatz verschiedener Gaszuführungsstücke (Abb. 5) führt zu einem mehr oder weniger rotierenden Plasmagasstrom. Aufgrund der Rotationsbewegung des Plasmagases soll versucht werden, eine Lichtbogenfußpunktbewegung auf dem Düsenumfang zu erzwingen und ein Festsetzen des Brennflecks in der Hohlanode zu verhindern. Über die oszillographische Aufnahme der Lichtbogenspannung wurde bei Verwendung von Argon als Plasmagas im Stromstärkebereich von 130 bis 300 A bei 40 Nl/min ein starker Einfluß der verschiedenen Gaszuführungsstücke festgestellt. Der Mittelwert der mittleren Schwingungsbreite verdoppelte sich etwa bei dem Zuführungsstück z = 1 gegenüber z = 0. Der Mittelwert der mittleren Frequenz nimmt ab einer Stromstärke von 200 A mit einer unsystematischen Streuung zu. Mit zunehmender Windungszahl wurde bei 130 A für Plasmagasmengen $\geqq$ 20 Nl/min ein Anstieg des Mittelwertes der mittleren Schwingungsbreite festgestellt. Für den Mittelwert der mittleren Frequenz ergibt sich im Bereich von 10 bis 40 Nl/min Argon bei der angegebenen Stromstärke für die verschiedenen Gaszuführungsstücke eine geringe unsystematische Streuung.

Neben den oszillographischen Untersuchungen der Lichtbogenfußpunktbewegungen sollten Hochgeschwindigkeitsaufnahmen des Düsenkanals die Bewegungen des anodischen Brennflecks auf dem Düsenumfang bei der Anwendung eines rotierenden Plasmagasstromes erfassen und den Unterschied zu den Verhältnissen bei axialer Gaszufuhr aufzeigen. Bei einer Aufnahmefrequenz von 8330 Bildern/s wurden die folgenden Betriebsbedingungen gewählt: I = 130 A; Q_{PAr} = 40 Nl/min; d = 5 mm;' l = 19,5 mm; a_E = 2,5 mm und z = 1 (vgl. Kap. 7.3). Die Gasbewegung bildet für z = 1 in Plasmaströmungsrichtung eine Rechtsschraube. Beim Betrachten der Abb. 61 rotiert das Plasmagas also gegen den Uhrzeigersinn und bewegt sich in Richtung auf den Betrachter zu. Dadurch krümmt sich die Lichtbogenachse in Rotationsrichtung (Abb. 61) und der Lichtbogenfußpunkt bewegt sich, wie der Hochgeschwindigkeitsfilm zeigt, ungleichförmig auf dem gesamten Umfang der Anode. Eine gesteuerte Bewegung des Lichtbogenfußpunktes auf dem Hohlanodenumfang erfolgt nicht. Durch den Einsatz von z = 1 vergrößert sich die mittlere Schwingungsbreite der Spannungsschwankungen, wie das eingeblendete Oszillogramm (Abb. 61 im Vergleich zu Abb. 42) zeigt, erheblich. Die Zeiträume, in denen keine Spannungsschwankungen erfolgen, sind kleiner oder treten überhaupt nicht mehr auf. Das bedeutet, daß die die Düsenstandzeit erhöhenden Lichtbogenoszillationen bei z = 1 im Gegensatz zu den Versuchen mit dem Gaszuführungsstück z = 0 über größere Zeitintervalle oder dauernd vorhanden sind.

Wie schon erwähnt, kann sich der Lichtbogen im benutzten Plasmaspritzgerät bei Verwendung von Argon je nach Einstelldaten und Düsengeometrie bei Stromstärken im Bereich von 350 bis 450 A festsetzen, was zu einer baldigen Zerstörung der Hohlanode führt. Durch die Anwendung eines rotierenden Plasmagasstromes wurde bei 20 Nl/min Argon ein Festsetzen des Lichtbogens zu höheren Stromstärken hin verschoben und somit die Düsenstandzeit erhöht. Das Spritzgerät konnte bei rotierendem Gasstrom und hohen Gasmengen ($>$ 30 Nl/min) bis zu etwa 500 A belastet werden, ohne daß ein nennenswerter Anodenabtrag vorhanden war.

Die Abänderung der Düsengeometrie nach Abb. 4b führte bei einem Elektrodenabstand von a = 22 mm dagegen schon bei kleinen Argon-Gasmengen ($<$ 20 Nl/min) zu einem vollen Erfolg. Die Hohlanode mit spitzem Kegel ließ Strombelastungen von 500 A zu, ohne daß sich der Lichtbogenfußpunkt in der Düse festsetzte. Verschleißerscheinungen an der Hohlanode traten nicht auf.

Die Versuche bei der Verwendung von Argon als Plasmagas zeigen, daß durch den Einsatz von Gaszuführungsstücken mit wendelförmigen Gasführungsnuten die mittlere Schwingungsbreite erhöht wird und eine verstärkte Lichtbogenfußpunktbewegung auf dem Hohlanodenumfang auftritt. Das rotierende, schnell strömende Plasmagas bewirkt eine verstärkte Einschnürung des Lichtbogens. Ferner wird dem Anodenfallgebiet vermehrt Wärme entzogen und der Lichtbogenfußpunkt überstreicht einen größeren Anodenkanalabschnitt. Dadurch verringert sich die örtliche thermische Belastung der Hohlanode.

Bei der Verwendung von Stickstoff als Plasmagas gilt die geschilderte Stromabhängigkeit (Abb. 37) grundsätzlich für alle Formen der Gaszuführungsstücke. Eine eindeutige Abhängigkeit der Kenngrößen von der Ausführungsart der Gaszuführung kann bei einer Plasmagasmenge von 20 Nl/min nicht angegeben werden. Die Spannungsschwankungen waren bei den Gaszuführungsstücken mit wendelförmigen Gasführungsnuten im Gegensatz zu z = 0 sehr unregelmäßig und denen bei hoher Gasmenge und axialer Gaszufuhr ähnlich. Der bei der axialen Plasmagaszufuhr typische örtliche Düsenverschleiß tritt bei rotierendem Gasstrom nicht mehr auf.

Bei größeren Stickstoffplasmagasmengen > 20 Nl/min wirkt sich dagegen der Einsatz der verschiedenen Gaszuführungsstücke stärker aus. Eindeutig lassen sich bei einer Plasmagasmenge von 40 Nl/min über den gesamten Stromstärkebereich von 150 bis 450 A für die wirbelförmigen Gaszuführungsstücke bis um etwa 30 % höhere mittlere Schwingungsbreiten der Spannungsschwankungen gegenüber denen bei axialer Gaszufuhr feststellen. Die mittlere Frequenz zeigt eine steigende Tendenz im untersuchten Stromstärkebereich ohne eindeutigen Einfluß der verschiedenen Gaszuführungen.

Ein Hochgeschwindigkeitsfilm zeigt für den groben Stickstoffdurchsatz ebenfalls eine Auslenkung des Lichtbogens in Plasmaströmungsrichtung und eine verstärkte anodische Lichtbogenfußpunktbewegung. Bei $Q_{PN_2} = 20$ Nl/min wurde ein ähnliches Verhalten unter gleichen Bedingungen festgestellt.

Der Einfluß der verschiedenen Gaszuführungsstücke auf die Verlustleistung und den Gerätewirkungsgrad wird in kalorimetrischen Versuchen nachgewiesen. Ein rotierender Argonplasmagasstrom verringert schon bei einer Menge $\geqq 20$ Nl/min die an das Kühlwasser abgeführte Leistung um durchschnittlich 15 %. Die Differenz zwischen der Kühlwasserleistung bei axialem und bei rotierendem Gasstrom wird mit steigender elektrischer Leistungsaufnahme des Spritzgerätes größer. Die geschilderte Tendenz ergibt sich ebenso bei Stickstoff.

9.2.2 Magnetische Beeinflussung der Bewegung des anodischen Lichtbogenfußpunktes innerhalb der einschnürenden Düse

Der elektrische Lichtbogen ist ein nichtstarrer elektrischer Leiter, der in seiner Form und Richtung durch transversale oder longitudinale Zusatzmagnetfelder beeinflußt werden kann. Bei transversalen Feldern verläuft die magnetische Induktion im wesentlichen senkrecht zur Lichtbogenachse, während bei longitudinalen Feldern die magnetische Induktion mit der Richtung der Lichtbogenachse nahezu übereinstimmt. Die auf den Lichtbogen wirkende seitliche Ablenkkraft ist der transversalen Komponente der Induktion proportional. Die Kraftwirkung eines homogenen Magnetfeldes auf diesen gasförmigen Leiter kann nicht mit der Beziehung für einen starren, schlanken, metallischen Leiter ($K = B \cdot I \cdot l_L$) beschrieben werden. Diese Beziehung bestimmt vielmehr eine resultierende Kraft, die unter der Wirkung eines Magnetfeldes, auf einen metallischen Leiter wirkt und als Angriffspunkt den Schwerpunkt des starren, schlanken Leiters hat. Da der elektrische Lichtbogen einen gasförmigen, nichtstarren und im allgemeinen auch keinen schlanken Leiter darstellt, muß die Kraftwirkung auf diesen durch die Lorentzkraft

$$\mathfrak{K} = \mathfrak{j} \times \mathfrak{B} = n \cdot e_o (\mathfrak{w}_e \times \mathfrak{B}) \qquad (27)$$

$$|\mathfrak{K}| = |\mathfrak{j}| \cdot |\mathfrak{B}| \cdot \sin(\mathfrak{j};\mathfrak{B}) \qquad (28)$$

angegeben werden. Der Stromdichtevektor $\mathfrak{j}$ ist der Driftgeschwindigkeit $\mathfrak{w}_e$ der Elektronen entgegengerichtet. Der Vektor $\mathfrak{K}$ steht senkrecht auf der von $\mathfrak{j}$ und $\mathfrak{B}$ aufgespannten Ebene, wobei $\mathfrak{j}$, $\mathfrak{B}$ und $\mathfrak{K}$ in der angegebenen Reihenfolge ein Rechtssystem bilden (Abb. 62). Die Größen n und e_o beschreiben die Anzahl der Ladungsträger in der Volumeneinheit und die Einheitsladung.

Die Möglichkeit der Ablenkung von Lichtbögen in Magnetfeldern fand eine erste Anwendung bei der magnetischen Beblasung von Schaltlichtbögen mit Hilfe eines transversalen Magnetfeldes [133]. Über allgemeine physikalische Untersuchungen an Lichtbögen in einem transversalen Magnetfeld berichten verschiedene Autoren [78; 87; 94; 130; 131; 135-137], die feststellten, daß sich ein Lichtbogen unter Einwirkung eines magnetischen Feldes unter bestimmten Bedingungen auch in einer der Lorentzkraft entgegengesetzten Richtung bewegen kann. Mit der magnetischen Beeinflussung eines Lichtbogens, der für schweißtechnische Zwecke Verwendung findet, befassen sich zahlreiche Patente [75; 93; 105; 128; 132; 140; 144] und Veröffentlichungen [76; 79; 88-90; 95; 99; 106-109; 115; 127; 129; 134; 137].

Die Arbeiten [106-108; 115] enthalten Grundatzuntersuchungen an einem WIG-Gleichstromlichtbogen, der durch ein wechselndes bzw. konstantes transversales Magnetfeld beeinflußt wird. Unter Anwendung dieser Lichtbogenanordnung wird der maximale Auslenkwinkel und die Bewegungsgeschwindigkeit des Lichtbogens im Magnetfeld ermittelt. Über die Auswirkung eines konstanten bzw. wechselnden transversalen Magnetfeldes auf das Schweißergebnis beim WIG-, MIG- und UP-Schweißverfahren berichten verschiedene Autoren [99; 129; 134]. Durch die Anwendung eines transversalen Magnetfeldes, welches den Lichtbogen in Schweißrichtung auslenkt, wird die Schweißgeschwindigkeit erhöht und das Schweißnahtaussehen verbessert. Der senkrecht zur Schweißrichtung pendelnde Lichtbogen führt zu einer Verringerung der Einbrandtiefe, die über die gesamte Nahtbreite gleich groß ist.

Neben transversalen Magnetfeldern werden zur Beeinflussung des Lichtbogens auch longitudinale Magnetfelder verwendet [88-90; 109; 127]. Die Auswirkung eines solchen Magnetfeldes auf die Parameter eines Lichtbogens, den Werkstoffübergang und das Schweißergebnis behandeln Erdmann-Jesnitzer, Schröder, Schubert und Feustel [88-90]. Durch Anlegen eines konstanten bzw. wechselnden longitudinalen Magnetfeldes erhöht sich die Abschmelzleistung und der Werkstoffübergang erfolgt feintropfiger [88; 89]. Nachteilig sind die größeren Spritzverluste, die aufgrund der Drehbewegung des Lichtbogens um seine Mittelachse entstehen. Durch die Anwendung eines impulsförmigen Magnetfeldes versuchen die Autoren [90] unter Beibehaltung der Vorteile wie z. B. Temperaturerhöhung, Feintropfigkeit und hohe Abschmelzleistung, die Spritzverluste zu verringern bzw. zu beseitigen. Das Verschweißen von Rohren mit einem aufgrund eines radialen Magnetfeldes umlaufenden Lichtbogen behandeln u. a. Briese und Henkel [76]. Die Bewegung eines Lichtbogens, der zwischen einer stabförmigen Kathode und einer ringförmigen Anode unter Wirkung eines äußeren Magnetfeldes brennt, wird von Gvozdetskii und Mechev [95; 96] untersucht. Bei dieser Lichtbogenanordnung, die der beim Plasmaspritzen ähnlich ist, und bei der der Vektor der magnetischen Induktion senkrecht zum Stromdichtevektor verläuft, ermitteln die Autoren, daß die Bewegungsgeschwindigkeit des Lichtbogens proportional seiner Temperatur ist. Zur Bestätigung der in [95] theoretisch bestimmten Abhängigkeiten führen die Autoren [96] mit einer Meßanordnung nach Bunt und Olsen [79] Versuche unter Anwendung von Argon durch. Es wird eine befriedigende Übereinstimmung der theoretisch und experimentell gefundenen Geschwindigkeitswerte festgestellt [96].

Im Hinblick auf eine gesteuerte Bewegung des Lichtbogenfußpunktes auf dem Hohlanodenumfang durch ein äußeres Magnetfeld ist es wichtig zu klären, wann, d. h. bei welchen Betriebsdaten des Plasmaspritzgerätes eine derartige Bewegung einsetzt. Aus mehreren Vorversuchen ging eindeutig hervor, daß das Einsetzen einer gesteuerten Lichtbogenfußpunktbewegung sowie die Rotationsfrequenz von der Stromstärke I, dem Magnetisierungsstrom I_M, der Plasmagasmenge Q_P und der Plasmagasart stark abhängig sind. Weiteren Einfluß haben die Düsengeometrie und der Elektrodenabstand vom Düsenmund.

Bei der Verwendung von Argon als Plasmagas kann, wie die Ergebnisse zeigen, der Beginn einer gesteuerten Lichtbogenfußpunktbewegung mit großer Sicherheit visuell und akustisch wahrgenommen werden. Die Abb. 63 und 64 zeigen, welche Plasmagasmenge Q_{PAr} bzw. welche Stromstärke I bei vorgegebenem Magnetisierungsstrom I_M und sonst konstanten Einstelldaten gewählt werden müssen, um eine gesteuerte Bewegung des anodischen Lichtbogenfußpunktes zu erreichen. Bei steigender Plasmagasmenge muß die Lorentzkraft durch den Magnetisierungsstrom linear im richtigen Maß erhöht werden, um mit Sicherheit im Bereich der gesteuerten Lichtbogenfußpunktbewegung (Rot $\neq$ 0) zu bleiben. Für Abb. 64 kann der Verlauf der Grenzlinie, unterhalb der keine gesteuerte Lichtbogenfußpunktbewegung (Rot = 0) mehr stattfindet, analytisch belegt werden. Die pro Längeneinheit auf den Lichtbogen wirkende Kraft K_L läßt sich aus

$$\mathfrak{K} = \mathfrak{j} \times \mathfrak{B} \approx \frac{I}{F_L} \cdot B \cdot \sin\varphi \tag{29}$$

zu

$$\mathfrak{K} \cdot F_L = K_L \sim I \cdot I_M \tag{30}$$

ermitteln.

Nimmt man nun an, daß eine bestimmte, jedoch konstante Mindestkraft K_L zum Losreißen des anodischen Fußpunktes und damit zur gesteuerten Lichtbogenfußpunktbewegung erforderlich ist, dann gilt

$$I_M \sim \frac{1}{I} \tag{31}$$

Die in Abb. 64 dargestellte Grenzlinie folgt hinreichend genau der hyperbolischen Funktion

$$I_M = 5{,}2 \cdot 10^4 \cdot \frac{1}{I} \tag{32}$$

Über Hochgeschwindigkeitsaufnahmen des Düsenkanals konnten die in Abb. 63 und Abb. 64 dargestellten Grenzlinien bestätigt werden. Die Filmaufnahmen lassen gleichzeitig über die auf den Film eingeblendeten Zeitmarken, die im Abstand von 1 ms auf dem Filmrand erscheinen, eine Bestimmung der mittleren Rotationsfrequenz des Lichtbogenfußpunktes zu. Die Rotationsfrequenz w steigt bei konstanter Stromstärke I, konstanter Plasmagasmenge Q_{PAr} und sonst konstanten Einstelldaten mit zunehmendem Magnetisierungsstrom I_M an (Abb. 65). Eine Abschätzung der Geschwindigkeit des anodischen Lichtbogenfußpunktes ist über den Kreisumfang, auf dem sich der Lichtbogenfußpunkt innerhalb der Hohlanode bewegt, möglich. Dieser Kreisdurchmesser läßt sich aufgrund von Farbunterschieden innerhalb der Düse mit 10 mm bestimmen. Bei einer Rotationsfrequenz von 740 s^{-1} (Abb. 65) ergibt sich eine Lichtbogenfußpunktgeschwindigkeit von 23,2 m/s. Setzt man voraus, daß der Lichtbogen von der Kathodenspitze geradlinig in Richtung auf den Umfang der Hohlanode brennt, so ergibt sich bei der Bewegung auf einem Kreis von 10 mm Durchmesser zwischen Stromdichtevektor $\mathfrak{j}$ und magnetischer Induktion $\mathfrak{B}$ ein Winkel von 24°. Unter der Annahme einer mittleren Stromdichte von $2{,}83 \cdot 10^3$ A/cm^2 (I = 200 A; F_L = 7,07 mm^2) und mit einer gemessenen magnetischen Induktion von 420 Gauß ergibt sich für die Lorentzkraft

$$\mathfrak{K} = 48{,}3 \cdot 10^3 \ \frac{\text{dyn}}{\text{cm}^3} \mathrel{\hat{=}} 49{,}2 \ \frac{\text{P}}{\text{cm}^3}$$

Einen Ausschnitt aus einem Hochgeschwindigkeitsfilm zeigt Abb. 66. Die Aufnahmefrequenz beträgt 7400 Bilder/s. Die Rotationsfrequenz wurde zu 740 s^{-1} ermittelt. Die Bewegung des Lichtbogenfußpunktes erfolgt bei Blickrichtung in den Düsenkanal gegen den Uhrzeigersinn, also in die Richtung, in die der Vektor der Lorentzkraft gerichtet ist (Abb. 62).

Bei der Auswertung der Hochgeschwindigkeitsaufnahmen des Düsenkanals beobachtet man drei Phasen der Lichtbogenausbildung. In der ersten Phase brennt der Lichtbogen in der Bildprojektion stets senkrecht von der Kathode zur Anode, wobei der anodische Lichtbogenfußpunkt aufgrund der gasdynamischen Kräfte Bewegungen auf dem Umfang der Hohlanode ausführt. Mit dem Einschalten des Magnetfeldes beginnt die zweite Phase. Der Lichtbogen formt sich unter der Wirkung des äußeren Magnetfeldes zu einer Spirale. Die Kraft, die auf ein mit der Geschwindigkeit $\mathfrak{v}_e$ bewegtes Elektron im Magnetfeld wirkt, steht senkrecht auf der von $\mathfrak{v}_e$ und der Induktion $\mathfrak{B}$ aufgespannten Ebene. Das Magnetfeld leistet am Ladungsträger keine Beschleunigungsarbeit. Der Geschwindigkeitsbetrag des Elektrons $|\mathfrak{v}_e|$ bleibt konstant, jedoch erfährt es eine stetige Richtungsänderung durch die radial wirkende Lorentzkraft. Die Geschwindigkeitskomponente der Elektronen in Feldrichtung bleibt immer erhalten, jedoch ändert die senkrechte Komponente stetig ihre Richtung. Infolge dessen beschreibt der Ladungsträger eine schraubenförmige Bahn um die Feldrichtung als Achse.

Die visuelle und akustische Wahrnehmung der gesteuerten Lichtbogenfußpunktbewegung ist bei der Verwendung von Stickstoff als Plasmagas nicht möglich. Deshalb wurde versucht, über die oszillographische Aufnahme der Lichtbogenspannung eine mögliche Aussage bezüglich des Beginns einer gesteuerten Lichtbogenfußpunktbewegung zu treffen. Da sich bei einem magnetisch nichtbeeinflußten, nichtübertragenen Lichtbogen und bei einem magnetisch abgelenkten, nichtübertragenen Bogen andere zeitliche Spannungsverläufe ergeben, sollte die Änderung des Spannungsoszillogramms den Beginn der gesteuerten Lichtbogenfußpunktbewegung festlegen. Die Versuche ergaben jedoch, daß auf diesem Wege eine Bestimmung des Beginns dieser Bewegung nicht möglich ist. Die mittlere Lichtbogenspannung läßt dagegen in Abhängigkeit vom Magnetisierungsstrom einen typischen Verlauf erkennen, der bei einem bestimmten Magnetisierungsstrom abhängig von Stromstärke bzw. Plasmagasmenge ein Minimum für die Lichtbogenspannung aufweist (Abb. 67). Bei Verringerung des Magnetisierungsstromes, beginnend beim Höchstwert, tritt ab einem bestimmten Magnetisierungsstrom ein starker Düsenverschleiß auf. Dieser Wert für den Magnetisierungsstrom ist sicher mit dem Wert identisch, bei dem die gesteuerte Lichtbogenfußpunktbewegung aussetzt. Eine genaue Festlegung des Wertes war nicht möglich. Dagegen konnte festgestellt werden, daß der Verschleißbeginn der Hohlanode in einem Bereich des Magnetisierungsstromes einsetzt, der unterhalb des Spannungsminimums liegt, so daß über dessen Lage der Wert bzw. der Bereich für den Magnetisierungsstrom, oberhalb dessen eine gesteuerte Lichtbogenfußpunktbewegung erfolgt, festgelegt werden kann. Die Versuche für das Plasmagas Argon weisen eindeutig nach, daß bei dem Magnetisierungsstrom, bei dem die Spannung ihr Minimum erreicht, eine gesteuerte Lichtbogenfußpunktbewegung vorhanden ist (Abb. 63 und Abb. 68). Die Frage, ob diese Tatsache ohne weiteres auf die Versuche mit Stickstoff als Plasmagas zu übertragen ist, konnte durch Hochgeschwindigkeitsaufnahmen des Düsenkanals positiv beantwortet werden. Die Hochgeschwindigkeitsfilme zeigen, daß schon bei einem Magnetisierungsstrom, der etwa um 100 A unter dem Magnetisierungsstrom liegt, bei dem das Spannungsminimum auftritt, eine gesteuerte Lichtbogenfußpunktbewegung bei den gewählten Einstelldaten erreicht wird. Die Abb. 69 und 70 zeigen bei der Verwendung von Stickstoff als Plasmagas bei den gewählten Einstelldaten die Bereiche, in denen mit Sicherheit eine gesteuerte Lichtbogenfußpunktbewegung auf dem Hohlanodenumfang erfolgt. Eingetragen in die Diagramme sind die Meßpunkte, bei denen über die Hochgeschwindigkeitsfotografie die gesteuerte Bewegung ermittelt werden konnte. Um bei der Wahl der Einstelldaten mit Sicherheit diese Bewegung zu erreichen und damit eine Zerstörung der Hohlanode zu verhindern, wurde der Übergang zwischen den Bereichen Rot = 0 und Rot ≠ 0 als Streubereich wiedergegeben. Die Rotationsrichtung des Lichtbogenfußpunktes ist mit der Richtung des Vektors der Lorentzkraft identisch. Die Rotationsfrequenz des Lichtbogens läßt sich unter Verwendung von Stickstoff als Plasmagas aus den Hochgeschwindigkeitsfilmen nur näherungsweise ermitteln. Für die verschiedenen Einstelldaten wurden Rotationsfrequenzen im Bereich von 2000 bis 4000 s^{-1} bestimmt (Abb. 71).

Düsenstandzeituntersuchungen unter Zündbelastung bei der flachsten Kennlinieneinstellung des Gleichrichters weisen nach, daß bei Anwendung der beiden Plasmagase Argon und Stickstoff durch eine magnetische Beeinflussung des eingeschnürten Lichtbogens ein Düsenverschleiß vermieden werden kann.

Abschließend soll erwähnt werden, daß auch durch eine Hintereinanderschaltung von Plasmastrahlerzeuger und Spule eine gesteuerte Lichtbogenfußpunktbewegung auf dem Umfang der Hohlanode erreicht werden kann. Bei dieser Versuchsanordnung ist allerdings eine getrennte Regelung der magnetischen Induktion nicht mehr möglich, da diese durch die entsprechende Spritzstromstärke festgelegt ist. Um auch noch bei Stromstärken von 200 bis 300 A eine für eine hohe Düsenstandzeit erforderliche gesteuerte Bewegung des Lichtbogenfußpunktes zu erhalten, muß bei dieser elektrischen Schaltung durch eine Vergrößerung der Anzahl der Spulenwindungen für die notwendige magnetische Induktion gesorgt werden.

Kalorimetrische Untersuchungen zur Ermittlung des Einflusses eines äußeren Magnetfeldes zeigen, daß bezüglich der thermischen Verlustleistung zwischen gesteuerter und nichtgesteuerter Lichtbogenfußpunktbewegung keine Unterschiede bestehen. Dies gilt für das Plasmagas Argon (Abb. 72) genau so gut wie für das Plasmagas Stickstoff. Die höheren Düsenstandzeiten bei magnetisch abgelenktem Lichtbogenfußpunkt sind demnach durch eine geringere örtliche thermische Belastung der Hohlanode zu erklären.

10. Aufspritzen von oxidkeramischen Werkstoffen auf metallische Grundwerkstoffe

Die moderne Technik stellt heute große Anforderungen an die Werkstoffe hinsichtlich Verschleißfestigkeit, Härte, Korrosionsbeständigkeit, Hitzebeständigkeit und Temperaturwechselverhalten. Hierdurch wurde eine Werkstoffentwicklung eingeleitet, die die günstigen Eigenschaften der Metalle und der keramischen Werkstoffe zu verbinden versucht. Man entwickelte die gesinterten Metallkeramiken, die unter der Bezeichnung

"Cermets" bekannt sind [156; 162]. Eine weitere Möglichkeit, die guten Eigenschaften von Metall und Keramik zu vereinen, ist das Aufbringen einer keramischen Schicht auf einen metallischen Grundwerkstoff. Diese Schichten zeichnen sich durch ihre Verschleißfestigkeit und Härte, durch chemische und thermische Beständigkeit, durch ihr geringes Wärmeleitvermögen und ihre elektrische Isolationsfähigkeit aus. Von entscheidender Bedeutung für einen erfolgreichen Einsatz ist die Haftung der Schicht auf der Unterlage.

10.1 Fragen zum Haftmechanismus gespritzter Schichten - Oberflächenvorbereitung durch verschiedene Strahlmittel

Für die Haftung von oxidkeramischen Spritzschichten auf metallischen Grundwerkstoffen kommen unterschiedliche Mechanismen in Betracht. Die im schmelzflüssigen Zustand auf die Werkstückoberfläche auftreffenden Werkstoffpartikel deformieren sich und setzen sich in den Unterschneidungen und Unebenheiten der Oberfläche fest, so daß die Haftung zum Teil auf einer mechanischen Verklammerung der erstarrten Spritzpartikel mit der Werkstückoberfläche beruht. Derartige Haftkräfte vermögen die Haftung der Schichten am Untergrund allein jedoch nicht zu erklären. Lazlo [151] und Moore [160] sind dagegen der Ansicht, daß die mechanische Verklammerung der entscheidende Faktor für die Haftung keramischer Spritzschichten auf metallischer Unterlage ist. Im Gegensatz zu Metallspritzschichten, die mit der metallischen Unterlage ein Teilverschweißen eingehen können, wie dies von Matting und Steffens [114; 153] nachgewiesen wurde, ist ein Teilverschweißen bei Keramikschichten unmöglich, da Metalle und Keramiken nicht ineinander löslich sind. Bei Keramikschichten kann jedoch noch ein anderer Haftmechanismus eintreten, und zwar dann, wenn das Metall mit einem Oxidfilm überzogen ist, der mit den oxidischen Spritzteilchen chemisch reagieren und eine Lösung in flüssiger Phase eingehen kann. Im Falle des Aufspritzens von Aluminiumoxid auf Stahl z. B. bildet sich eine Zwischenschicht aus Eisen-Tonerde-Spinell [156]. Eine Adhäsionshaftung zwischen Schicht und Unterlage setzt voraus daß sich die beiden in Kontakt tretenden Werkstoffe einander auf Gitterdimensionen nähern. Die Adhäsion zweier Stoffe ist ebenso wie die Kohäsion eines einheitlichen Werkstoffes durch zwischenatomare Kräfte bedingt. Diese Kräfte drücken sich in makroskopisch meßbaren Größen, z. B. in der spezifischen Oberflächenenergie eines Stoffes, bzw. der spezifischen Grenzflächenenergie zweier verschiedener Stoffe aus. Eine Adhäsionshaftung ist demnach an den energiereichen, aktiven Stellen der Oberfläche des Grundwerkstoffes zu erwarten. Die metallische Oberfläche weist im allgemeinen energiearme sowie lokal extrem energiereiche Zonen auf. Derartige Bereiche werden aktiv genannt, weil sie spontan mit der Umgebung reagieren. Die energetisch unterschiedlichen Zonen bestehen nicht etwa nur im makroskopischen Bereich, sondern auch im atomaren. An Oberflächen gibt es Atome mit hohem Energieniveau, das so groß werden kann, daß sich die Atome unter bestimmten Bedingungen aus dem Gitterverband lösen. Die zum Ablösen notwendige Energie nennt man Aktivierungsenergie der Ablösung. Derartige energiereiche Zonen treten in der unmittelbaren Umgebung von Gitterfehlstellen (Gitterleerstellen; Korngrenzen; Mikrohohlräume) auf. Durch eine plastische Verformung der Werkstückoberfläche, wie sie beim

Strahlen entsteht, steigt z. B. die Zahl der Gitterleerstellen. Durch die Adsorption von Fremdstoffen wird diese Oberflächenenergie erheblich erniedrigt, woraus sich eine abnehmende Eignung gestrahlter Oberflächen für das Spritzen mit zunehmendem zeitlichen Abstand zwischen Strahlen und Spritzen erklärt [147; 153]. Eine notwendige Voraussetzung für eine erhöhte Reaktionsfreudigkeit bei Oberflächenbeschichtungen ist deshalb das Entfernen von artfremden Substanzen (Fett, Öl, Schmutz) und eine Oberflächenvorbereitung durch mechanisches Aufrauhen (Strahlen).

Für die Beurteilung von gestrahlten Oberflächen wurden Querschliffe herangezogen. Um eine Beschädigung der Oberfläche zu vermeiden, wurden die gestrahlten Proben in einem Einbettmittel (Araldit B T 200) eingebettet und anschließend geschliffen und poliert. Als Strahlmittel wurden Korund und Hartgußkies gleicher Korngröße verwendet. Der Abstand Strahldüse/Werkstück betrug 20 mm bei einem Strahldruck von 5 kp/cm^2. Dabei wurden Strahlwinkel von 45° und 90° gewählt. Aus Abb. 73 ist zu ersehen, daß korund- und hartgußkiesgestrahlte Oberflächen vom Oberflächenprofil her gesehen gleich gute Voraussetzungen für eine mechanische Verklammerung der Spritzschicht mit der Unterlage bieten. Deutlich zu erkennen sind die Unterschneidungen bei beiden Oberflächenprofilen. Einschränkend muß gesagt werden, daß die genannten Verhältnisse nur für neuen Hartgußkies gelten. Bei längerer Verwendung plattet sich das Hartgußkieskorn ab, während das Korundkorn durch fortwährendes Brechen immer scharfkantig bleibt. Beim Strahlen unter einem Winkel von 90° zur Blechoberfläche wird die Oberfläche zwar aufgerauht, die für die Oberflächenhaftung mitentscheidenden Unterschneidungen treten jedoch nicht auf. Ferner ist, da die Oberflächenaktivität eine Funktion der Größe der Oberfläche ist, eine geringere Adhäsionshaftung, hervorgerufen durch die kleinere Oberfläche des Grundwerkstoffes, möglich. Aus diesen Gründen wurden für die weiteren Versuche die Oberflächen unter 45° gestrahlt.

Spritzversuche auf polierte Metalloberflächen (St 37) ergaben keinen Schichtaufbau. War jedoch der Grundwerkstoff durch die Einwirkung der Plasmaflamme genügend stark erhitzt, um oberflächlich zu oxidieren, so konnte bei gleichen Spritzdaten für Al_2O_3 + 2,5 % TiO_2 als Spritzwerkstoff ein Schichtaufbau festgestellt werden. Dieser Schichtaufbau läßt auf die Bildung und das Vorhandensein einer Reaktionszone aus Eisen-Tonerde-Spinell schließen. Spritzversuche mit Tonerdekorund auf Glas ergaben bei einer Schichtdicke von 250 μm Haftfestigkeiten von 2,0 kp/mm^2. Eine mechanische Verklammerung der Spritzteilchen mit der Glasoberfläche kann wegen des geringen Rauhigkeitswertes der Glasprobe ausgeschlossen werden. Hier scheint vielmehr, bedingt durch die geringe Wärmeleitfähigkeit von Glas, eine Verbindungsbildung in flüssiger Phase möglich. Diese Versuche zeigen, daß neben der mechanischen Verklammerung noch weitere Mechanismen die Haftung von keramischen Spritzschichten auf Unterlagen bestimmen.

10.2 Untersuchung des Gasdruckes in der Pulverzuleitung

Bei der verwendeten Plasmaspritzanlage wird das Pulver durch drei Bohrungen, die gleichmäßig auf dem Umfang der Düse

(Abb. 4a) verteilt und um 60° gegen die Düsenachse geneigt sind, in Richtung des austretenden Plasmastrahls in diesen eingebracht. Für eine gleichmäßige und ungestörte Pulverförderung ist der Gasdruck in der Pulverzuleitung von Bedeutung. Als Meßinstrument zur Ermittlung dieses Druckes wurde ein U-Rohr verwendet. Die Meßergebnisse zeigen, daß bei der Verwendung von Stickstoff als Plasmagas der Gasdruck in der Pulverzuleitung bei vorgegebener Düsengeometrie im wesentlichen von der Stromstärke, der Plasmagasmenge und dem Elektrodenabstand abhängt. Eine Veränderung der Stromstärke im Bereich von 150 bis 400 A liefert einen funktionellen Zusammenhang, der bei 300 A ein Maximum für den Gasdruck p_z aufweist (Abb. 74). Betrachtet man den im genannten Stromstärkebereich gefundenen Druckverlauf, so läßt sich aufgrund des ermittelten Druckunterschiedes von 75 mm WS nur ein geringer Stromstärkeeinfluß feststellen. Wesentlich größer ist dagegen die Auswirkung der Plasmagasmenge auf den Gasdruck in der Pulverzuleitung. Steigert man die Plasmagasmenge von 10 auf 35 Nl/min Stickstoff, so erhöht sich der Gasdruck p_z um 550 mm WS (Abb. 74). Bei einer Änderung des Elektrodenabstandes in einem Bereich von 1,0 bis 7,5 mm treten bei dem in Abb. 75 dargestellten Verlauf große Streuungen des Gasdruckes auf. Die Ergebnisse dieser Meßreihe lassen den Schluß zu, daß in der Pulverzuleitung des verwendeten Plasmaspritzgerätes bei vorgegebener Düsengeometrie nahezu ideale Bedingungen für die Pulverförderung herrschen (10 m WS $\hat{=}$ 1 kp/cm^2). Der am Manometer eingestellte Förderdruck kann also in dem geschilderten Fall für die Pulverförderung vollkommen genutzt werden, da der Gegendruck vom Spritzgerät her vernachlässigbar klein ist. Inwieweit der Gasdruck in der Pulverzuleitung von der Düsengeometrie und der Bewegung des anodischen Lichtbogenfußpunktes abhängig ist, zeigt Abb. 76. Tendenzmäßig stimmt die in Abb. 76 dargestellte Abhängigkeit mit der in Abb. 74 überein. Die Absolutwerte des Gasdruckes in der Pulverzuleitung liegen jedoch höher.

10.3 Versuche zur Ermittlung der Verwendbarkeit des magnetisch beeinflußten, nichtübertragenen Lichtbogens zum Verspritzen pulverförmiger Werkstoffe

Die magnetische Beeinflussung der Bewegung des anodischen Lichtbogenfußpunktes erweist sich als günstigste Maßnahme zur Düsenstandzeiterhöhung von Plasmastrahlerzeugern. Durch die Einsatzmöglichkeit einer solchen Anordnung zum Plasmaspritzen würden sich die zur Zeit noch notwendigen Düsenwechsel wesentlich verringern lassen. Unter Anwendung einer magnetisch gesteuerten Lichtbogenfußpunktbewegung auf dem Umfang der Hohlanode und der in Abb. 4b dargestellten Hohlanode wurde bei Spritzversuchen mit Al_2O_3 + 2,5 % TiO_2 festgestellt, daß eine für den Spritzvorgang ausreichende Erschmelzung des Pulvers und damit eine Haftung der Teilchen auf dem Grundwerkstoff nicht erfolgt. Mit dem Einschalten des Magnetfeldes verkürzt sich der aus der Hohlanode austretende, helleuchtende Plasmastrahl und füllt den Düsenkanal vollkommen aus. Das Zurückziehen der Plasmafackel bedeutet, daß sich die heißesten Zonen des Plasmastrahls weiter in das Spritzgerät verlagern. Das Pulver wird also in wesentlich kältere Plasmazonen eingebracht, was die unzureichende

Erschmelzung erklärt. Durch die Änderung des Pulverzuführungsortes, d. h. durch eine senkrecht zur Hohlanodenachse verlaufende Zuführungsbohrung, wurde bei sonst gleicher Düsengeometrie eine teilweise Aufschmelzung des Spritzpulvers erreicht. Deutlich sichtbar ist der im Vergleich zur nichtgesteuerten Lichtbogenfußpunktbewegung größere Öffnungswinkel (~ 60°) des Spritzstrahls. Nach kurzer Spritzzeit wurde ferner eine Zapfenbildung am Düsenmund beobachtet. Diese Zapfenbildung entsteht dadurch, daß die infolge der gesteuerten Bewegung des Lichtbogens wirkende Zentrifugalkraft die Mehrzahl des geschmolzenen Pulvers an die Düsenwand schleudert und die axiale Plasmaströmung ein Fließen des Werkstoffes in Richtung Düsenmund hervorruft. Von diesem Zapfen, der sich mit zunehmender Betriebszeit verlängert und der schließlich zum Verstopfen der Düse führt, lösen sich große Tropfen. Ein Ausbau der Düse zeigte, daß der Hohlanodenkanal mit keramischem Werkstoff überzogen war. Eine fast vollkommene Aufschmelzung des Pulvers wurde innerhalb einer Düse erreicht, bei der das Pulver über 3 achsparallele Nuten auf dem Düsenmantel bis zum kathodenseitigen Ende der Düse geführt wurde. Durch diese Anordnung wird das Pulver gezwungen, die heißesten Zonen des Plasmastrahls zu durchsetzen, was zu der genannten hohen Aufschmelzung führt. Ein Spritzen ist jedoch auch bei dieser Abänderung infolge der auf den Spritzwerkstoff wirkenden Zentrifugalkraft nicht möglich. Die Anodeninnenfläche ist wendelförmig mit keramischem Werkstoff überzogen (Abb. 77). Eine Abänderung des Anodenkegels und die Pulverzufuhr innerhalb des Düsenkanals führten ebenfalls nicht zu dem gewünschten Erfolg. In weiteren Untersuchungen wurde versucht, durch den Einsatz rotierender, entgegen der Bewegung des Lichtbogenfußpunktes gerichteter Plasmaströmungen, die Rotationsfrequenz des Lichtbogenfußpunktes zu verringern. Auch durch diese Versuchsanordnung wurde keine Verbesserung des Werkstoffübergangs erreicht. Der rotierende Plasmagasstrom ist offenbar nicht in der Lage, die Bewegung des anodischen Lichtbogenfußpunktes im Sinne einer guten Spritzstrahlausbildung wirksam zu beeinflussen. Die beschriebenen Versuche weisen nach, daß es infolge der hohen Rotationsfrequenz des Lichtbogenfußpunktes auf dem Hohlanodenumfang nicht möglich ist, das Pulver in den Plasmastrahl einzubringen. Die Anwendung einer magnetisch gesteuerten Lichtbogenfußpunktbewegung während des Spritzprozesses ist demnach zu unterlassen, jedoch läßt sich bei der gewählten Magnetspulenanordnung durch Einschalten des Magnetisierungsstromes die Düsenbelastung während der Zündphase des Gerätes erheblich verringern.

Plasmastrahlerzeuger werden andererseits heute nicht nur als Spritzgeräte eingesetzt. Ein breites Anwendungsgebiet finden derartige Geräte im Bereich der Luft- und Raumfahrttechnik, der Metallurgie und vor allen Dingen der Chemie [22; 47; 74]. Wegen der hier gebräuchlichen hohen elektrischen Leistungsaufnahmen der Plasmastrahlerzeuger und der verwendeten mehratomigen Plasmagase, muß durch besondere Maßnahmen für eine hohe Standzeit von Hohlanoden gesorgt werden. Im Hinblick auf hohe Düsenstandzeiten eignet sich für die genannten Anwendungsgebiete eine Plasmastrahlanordnung, bei der neben einem rotierenden Plasmagasstrom ein transversales Magnetfeld zur Ablenkung des anodischen Lichtbogenfußpunktes eingesetzt wird. In diesem Zusammenhang ist zu erwähnen, daß bei einer magnetisch gesteuerten Lichtbogenfußpunktbewegung und bei rotierendem Gasstrom der Einsatz von reinem Wasserstoff als Plasmagas bei dem vorhandenen Plasmastrahlerzeuger möglich ist. Bei einem Wasserstoffdurchsatz von 30 Nl/min und einer Stromstärke von 300 A konnte das Plasmagerät ohne Verschleißerscheinungen an der Düse betrieben werden.

10.4 Bestimmung des Auftragwirkungsgrades beim Verspritzen oxidkeramischer Werkstoffe

Zur Ermittlung optimaler Spritzdaten ist die Wahl geeigneter Beurteilungskriterien notwendig. Für den Spritzprozeß bietet sich als Kriterium der Auftragwirkungsgrad an, der als das Verhältnis von aufgetragenem zu eingesetztem Pulvergewicht definiert wurde. Der Auftragwirkungsgrad ist eine Größe, die in erster Linie von der Stromstärke, der Plasmagasmenge, dem Elektrodenabstand und der Pulverfördermenge abhängig ist.
Das bei den Versuchen eingesetzte Pulvergewicht betrug einheitlich 40 g. Während der Zeit, in der die angegebene Pulvermenge durchgesetzt wird, trifft der Spritzstrahl vollkommen auf das Blech auf. Für den magnetisch nichtabgelenkten Lichtbogen wurden bei einer Stromstärke von 250 A für Spritzabstände zwischen 80 und 180 mm für Al_2O_3 + 2,5 % TiO_2 Auftragwirkungsgrade zwischen 23 und 30 % ermittelt, wobei als optimaler Spritzabstand 120 mm festgestellt wurde. Der geringere Auftragwirkungsgrad bei Spritzabständen unter 120 mm läßt darauf schließen, daß aufgrund der höheren Geschwindigkeit und aufgrund der noch geringen Abkühlung der Teilchen ein größerer Teil der Spritzpartikel von der Werkstückoberfläche abprallt bzw. zerspritzt wird. Für Spritzabstände größer als 120 mm ergeben sich infolge der kleineren Spritzteilchengeschwindigkeit und der schon stärkeren Abkühlung der Teilchen die geringeren Auftragwirkungsgrade. Spritzabstände kleiner als 80 mm sind bei den eingestellten Spritzdaten nicht anwendbar. Durch die verstärkte Einwirkung des Plasmastrahls auf den Grundwerkstoff und durch die unterschiedlichen Ausdehnungskoeffizienten von Schicht und Unterlage entstehen beim Abkühlen des Werkstückes erhöhte Spannungen, die zum Abplatzen der Spritzschicht führen. In den folgenden Versuchen wurde für einen mittleren Spritzabstand von 120 mm der Einfluß von Stromstärke, Plasmagasmenge, Elektrodenabstand und Pulverfördermenge ermittelt. Abb. 78 zeigt, daß der Auftragwirkungsgrad mit steigender Stromstärke günstiger wird. Mit zunehmender Stromstärke verbessert sich aufgrund der ansteigenden mittleren Plasmastrahltemperatur die Erschmelzung des Pulvers. Diese Tatsache erklärt den Anstieg des Auftragwirkungsgrades bis etwa 300 A. Oberhalb von 300 A scheint die mit größer werdender Stromstärke steigende Geschwindigkeit der Spritzteilchen für den Auftragwirkungsgrad bestimmend zu sein. Der günstigste Stromstärkebereich war bei den Spritzversuchen mit Al_2O_3 + 2,5 % TiO_2 als Spritzgut 250 ... 350 A, wobei man mit einem Auftragwirkungsgrad zwischen 30 % und 35 % rechnen kann. Einen wesentlich größeren Einfluß auf den Auftragwirkungsgrad hat die Plasmagasmenge. Infolge der abnehmenden mittleren Temperatur des Plasmastrahls nimmt mit steigender Plasmagasmenge die Erschmelzung der Teilchen und damit der Auftragwirkungsgrad ab (Abb. 78). Optimale Auftragwirkungsgrade lassen sich bei den gewählten Einstelldaten nur bei Plasmagasmengen unterhalb von 20 Nl/min erreichen.

Von Einfluß auf den Auftragwirkungsgrad sind ferner Elektrodenabstand und Pulverfördermenge (Abb. 79). Vergrößert man den Elektrodenabstand von 2,5 mm auf 3 mm, so erhöht sich der Auftragwirkungsgrad. Nach Aussage der kalorimetrischen Untersuchungen steigt bis zu einem Elektrodenabstand von etwa 3 mm die Plasmastrahlleistung an, woraus sich eine bessere Aufschmelzung des Pulvers ableiten läßt. Oberhalb des genannten Elektrodenabstandes ist eine Änderung des Auftragwirkungsgrades nicht mehr festzustellen. Eine Steigerung der Pulverfördermenge über 8 g/min hinaus führt zu einem Abfall des Auftragwirkungsgrades. Oberhalb dieses Grenzwertes wird nur noch ein Teil des angebotenen Pulvers aufgeschmolzen, während der Rest unaufgeschmolzen das Spritzgerät verläßt.

Bei dem Spritzpulver Al_2O_3 wurden aufgrund des höheren Schmelzpunktes und aufgrund des höheren Reflexionsvermögens bei gleichen Einstelldaten des Spritzgerätes wesentlich niedrigere Auftragwirkungsgrade ermittelt. In der Tendenz werden im Vergleich zu dem stabilisierten Aluminiumoxid jedoch die gleichen Abhängigkeiten festgestellt (Abb. 80).

10.5 Ermittlung der mittleren Spritzteilchengeschwindigkeit

Für die Bildung, den Aufbau und die Eigenschaften einer Spritzschicht mitbestimmend sind sicherlich die Größe, die mittlere Geschwindigkeit und die Erschmelzung der Teilchen. Ein optimaler Erschmelzungsgrad und die zugehörige optimale Geschwindigkeit führen bei vorgegebener Korngröße zu einer Spritzschicht geringster Porosität. Um einen Eindruck von der Größenordnung der Teilchengeschwindigkeit zu erhalten, wurde unter Einsatz eines rotierenden Plasmagasstromes ($z = 1/2$) bei Variation der verschiedenen Einstellparameter jedoch konstantem Pulverangebot für Aluminiumoxid mit 2,5 % TiO_2-Zusatz der Korngröße 74 bis 38 μm die mittlere Teilchengeschwindigkeit bestimmt. Die beiden Diagramme in Abb. 81 zeigen, daß mit steigender Stromstärke die mittlere Spritzteilchengeschwindigkeit zunimmt. Der Anstieg der Stromstärke führt bei konstantem Gasdurchsatz zu einer Vergrößerung der Enthalpie und zu einem Temperaturanstieg des Plasmagases. Die dadurch bedingte Volumenzunahme hat ein Ansteigen der Spritzteilchengeschwindigkeit zur Folge. Trägt man wie in Abb. 82 die mittlere Spritzteilchengeschwindigkeit über der Plasmagasmenge oder dem Spritzabstand auf, so steigt im ersten Fall die mittlere Spritzteilchengeschwindigkeit mit steigendem Abszissenwert an, während im zweiten Fall ein Abfall festzustellen ist. Die Enthalpie des Plasmagases und seine mittlere Temperatur fallen mit steigender Plasmagasmenge ab, so daß die Geschwindigkeitszunahme der Teilchen mit steigender Plasmagasmenge bei gleichen Düsenabmessungen aus dem größeren Plasmagasdurchsatz und der damit verbundenen größeren Strömungsgeschwindigkeit zu erklären ist. Aufgrund einer gemessenen Teilchengeschwindigkeit von 76,5 m/s ergibt sich bei üblichen Spritzdaten eine Verweilzeit des Teilchens zwischen Düse und Werkstück von 0,00157 s. Diese Zeit kann bei der verwendeten Korngröße als die zum Schmelzen eines Pulverteilchens maximal erforderliche Verweilzeit im Plasmastrahl angesehen werden.

10.6 Eigenschaften und Verhalten plasmagespritzter, oxidkeramischer Schichten

Der industrielle Einsatz spritztechnisch aufgebrachter Schutzschichten auf Oberflächen setzt eine gute Haftung, ein ausreichendes Verformungsvermögen, eine geringe Porosität und eine hohe Temperaturwechselbeständigkeit der Schicht voraus. Im folgenden werden die genannten Kriterien mit geeigneten Prüfmethoden an Al_2O_3 und Al_2O_3 + 2,5 % TiO_2-Spritzschichten auf St. 37 ermittelt und der Einfluß einer metallischen Zwischenschicht aus NiCr 80/20 erfaßt. Die in den folgenden Diagrammen angegebenen Spritzdaten sind aufgrund von Untersuchungen zum Auftragwirkungsgrad und hinsichtlich einer geringen thermischen Belastung der Düse gewählt worden und somit als günstig anzusehen.

10.6.1 Haftfestigkeit

Die Versuche zur Ermittlung der Haftfestigkeit wurden sowohl an Al_2O_3- als auch an Al_2O_3-Spritzschichten mit 2,5 % TiO_2-Zusatz durchgeführt, wobei bei letzteren der Einfluß von Zwischenschichten aus NiCr 80/20 auf die Haftfestigkeit untersucht wurde. Der Spritzstempel wurde unmittelbar nach dem Spritzvorgang mit dem Abziehstempel verklebt und nach der angegebenen Aushärtezeit wurde die Stirnzugprobe zerrissen. Die Diagramme in Abb. 83 zeigen die Abhängigkeit der Haftfestigkeit von der Dicke der oxidkeramischen Spritzschicht. Mit größer werdender Schichtdicke sinkt die Haftfestigkeit, wobei die Werte für die Al_2O_3-Spritzschichten mit 2,5 % TiO_2-Zusatz aufgrund der größeren Zähigkeit höher liegen als von reinen Al_2O_3-Schichten. Die abnehmende Haftfestigkeit mit zunehmender Schichtdicke ist auf den steigenden Einfluß der Eigenspannungen zurückzuführen. Der beim Spritzprozeß erstellte Überzug wird schichtweise, d. h. durch mehrmaliges Überfahren der Probe, aufgebaut. Wegen der bei größeren Auftragschichtdicken notwendigen längeren Spritzzeit (größere Anzahl von Überfahrungen) erhöht sich mit jeder Überfahrung die Temperatur an der Grenzfläche zwischen Grundwerkstoff und Spritzschicht, was durch Temperaturmessungen mit Thermoelementen belegt werden konnte. Damit ergeben sich während des Spritzvorganges infolge des unterschiedlichen Wärmeausdehnungskoeffizienten von Grundwerkstoff und Spritzschicht (der Wärmeausdehnungskoeffizient von Stahl ist bei Raumtemperatur etwa doppelt so groß wie der von Aluminiumoxid und steigt mit zunehmender Temperatur stark an) in der Schicht Zug- und im Grundwerkstoff Druckspannungen. Dadurch entstehen Schubspannungen, die an der Bindefläche ihren Maximalwert haben und sich mit steigender Wärmeeinbringung, d. h. Anzahl von Überfahrungen, erhöhen. Beim Abkühlen der Spritzprobe kehren sich die Vorzeichen der Spannungen in Schicht und Unterlage um. Beim Spritzen ist es deshalb in manchen Fällen sinnvoll, nach jedem Überfahren das Werkstück abkühlen zu lassen. Über die auftretenden Spannungen unter Belastung bei Raumtemperatur gibt für die eingesetzten Werkstoffe Abb. 84 Auskunft. Bei Schichtdicken unterhalb 150 μm kann es ferner zu einem Einfluß des Klebers auf die Haftfestigkeit kommen. Der Kleber dringt durch die porige Spritzschicht zum Grundwerkstoff durch, was zu erhöhten Haftfestigkeitswerten führt. Nach dem Abreißen der Spritzschicht von der Unterlage wurde auf der Stahlseite dieser Proben Klebstoff festgestellt. Die Haftfestigkeiten der unter verschiedenen Einstellbedingungen gespritzten Schichten unterscheiden sich nicht voneinander, so daß ein Einfluß der Spritzparameter auf die Haftfestigkeit nicht gegeben zu sein scheint (Abb. 83).

Bei etwa 75 % der Stirnzugproben rissen für beide Schichtwerkstoffe die Spritzschichten vollkommen von der Unterlage ab, so daß eine eindeutige Bestimmung der Haftfestigkeit möglich war. Wichtig für eine einwandfreie Klebverbindung ist das satte Aufliegen der beiden Klebflächen. Aus Gründen geringfügig unterschiedlicher Auftragdicke des Klebstoffes, eines nicht genau zentrisch aufgebrachten Kontaktdruckes und kleiner Unterschiede in der Spritzschichtdicke findet an einigen Stellen oft keine Verklebung statt. Die Schicht reißt dann vielfach nicht von der gesamten Probenfläche ab. Offensichtlich sind nur die vom Grundwerkstoff abgerissenen Teile der Spritzschicht einer Belastung unterworfen und kommen für die Ermittlung der Haftfestigkeit in Betracht. Diese Schichtteile wurden ausplanimetriert und der Haftfestigkeitsrechnung zu Grunde gelegt.

Die Abhängigkeit der Haftfestigkeit von der Dicke der oxidkeramischen Spritzschicht bei Anwendung von NiCr 80/20 als Zwischenschicht zeigt Abb. 85. Jeder Diagrammpunkt ist Mittelwert dreier Messungen, wobei Streuungen von durchschnittlich $\pm$ 15 % vom Mittelwert auftreten. Nach dieser Versuchsreihe steigert eine Zwischenschicht aus NiCr 80/20 von 100 μm Schichtdicke die Haftfestigkeit. Der Bruch der Proben erfolgte im allgemeinen in der Grenzfläche Zwischenschicht und Keramik. Bei den Proben mit einer Zwischenschicht von 200 und 300 μm Dicke ist die Haftfestigkeit der keramischen Schicht auf der Zwischenschicht etwa gleich der der keramischen Schicht auf dem gestrahlten Grundwerkstoff. Da der Grundwerkstoff durch das Strahlen an seiner Oberfläche aufgerauht und aktiviert wurde, ein Strahlen der Zwischenschicht aber nicht erfolgte, könnte man schließen, daß bezüglich der Haftmechanismen an beiden Oberflächen unterschiedliche Verhältnisse vorliegen. Dies bedeutet, daß für die Haftung der keramischen Schicht auf der Zwischenschicht hauptsächlich eine mechanische Verklammerung, hervorgerufen durch die rauhe Zwischenschichtoberfläche, maßgebend gewesen sein könnte.

10.6.2 Verformbarkeit

Die Versuche zur Verformbarkeit wurden an mit Al_2O_3 + 2,5 % TiO_2 und Al_2O_3 bespritzten Proben durchgeführt, wobei bei ersteren der Einfluß einer Zwischenschicht auf den Biegewinkel ermittelt wurde. Für beide Spritzschichten ergibt sich mit steigender Schichtdicke eine Verringerung des Biegewinkels (Abb. 86). Bei dieser Prüfung wird die Zugbeanspruchung an der Oberfläche der Spritzschicht bei gleichem Biegedornradius (Abb. 18) mit zunehmender Schichtdicke größer. Ferner ist die schon erwähnte schlechte Erkennbarkeit des ersten Anrisses bei Schichtdicken < 200 μm zu berücksichtigen. Die geringfügig größeren Biegewinkel bei den

Al_2O_3-Schichten mit 2,5 % TiO_2 gegenüber den Al_2O_3-Spritzschichten sind auf die größere Zähigkeit der Al_2O_3 + TiO_2-Spritzschicht zurückzuführen. Flammgespritzte Aluminiumoxidschichten weisen in dem angegebenen Schichtdickenbereich geringfügig höhere Biegewinkel auf, was auf die größere Porosität und damit bessere Verformbarkeit dieser Schichten zurückzuführen ist. Ein Einfluß der Spritzdaten auf den maximalen Biegewinkel konnte bei einer konstanten Schichtdicke (200 μm) nicht festgestellt werden.

Bei der Anwendung einer Zwischenschicht aus NiCr 80/20 zeigt sich, daß bei einer Zwischenschichtdicke von 100 μm im Bereich von 100 bis 200 μm Auftragschichtdicke der Biegewinkel eindeutig geringer ist als der bei Proben ohne Zwischenschicht. Ferner ist festzustellen, daß mit steigender Zwischenschichtdicke und konstanter Auftragschichtdicke der Biegewinkel abnimmt (Abb. 86).

10.6.3 Porosität und Dichte

Als Nachteil spritztechnisch hergestellter Überzüge wird oftmals deren Porosität genannt, die durch die Art der Entstehung der Spritzschicht bedingt ist. Beim Erstellen einer Spritzschicht wird nicht, wie z. B. beim Emaillieren, eine Masse gleichzeitig zum Schmelzen gebracht, sondern jedes einzelne Spritzteilchen wird für sich erschmolzen und aufgetragen. Beim Aufprall auf eine Unterlage trifft ein solches Spritzteilchen auf Teilchen, die bereits einen bedeutenden Teil ihrer Wärme an die Unterlage abgegeben haben, so daß ein Ineinanderfließen der verschiedenen Partikel nicht mehr möglich ist. Weiter fördert die im Vergleich zur keramischen Schicht stärkere Wärmeausdehnung des Grundwerkstoffes während des Spritzvorganges die Bildung von Leerstellen (Kap. 10.6.4).

Das beschriebene Porositätsmeßverfahren wurde ausgewählt, weil es bei einfacher Versuchsdurchführung eine Vielzahl von Informationen über die Spritzschicht liefert und bezüglich der Porosität eine quantitative Erfassung ermöglicht und so vergleichende Untersuchungen hinsichtlich des Einflusses der Spritzparameter zuläßt. Im folgenden wird die Porosität von plasmagespritzten Al_2O_3-Schichten und Al_2O_3-Überzügen mit 2,5 % TiO_2 bestimmt und bei letzteren unter Einhaltung einer einheitlichen Schichtdicke der Einfluß der Spritzparameter untersucht. Für die Berechnung der Gesamtporosität ϵ ist die Ermittlung des spezifischen Porenvolumens V_S, der Dichte der Spritzschicht ρ_S und des Raumgewichtes der Spritzschicht Φ_S erforderlich. Mit den in Abb. 19 angegebenen Dilatometerabmessungen und den aufgenommenen Meßdaten ergibt sich:

$$V_S = \frac{V_P}{G_W} = \pi r_K{}^2 \cdot \left(\frac{(h_o - h_1) + h_x}{G_W}\right) \qquad (33)$$

Die Gleichung setzt voraus, daß alle Poren für das Quecksilber zugänglich sind und das unterhalb der Grenze von 75 Å keine Poren vorhanden sind. Mit der Einwaage von $G_W = 2{,}3565$ g und dem Porenvolumen $V_P = 0{,}09636\ cm^3$, das sich aus den gemessenen Daten errechnet, ergibt sich für die Al_2O_3-Spritzschicht das spezifische Porenvolumen zu

$$V_S = 0{,}041\ \frac{cm^3}{g}$$

Ist V_G das Volumen der Spritzschicht ohne Poren und $\rho_{Hg} = 13{,}5401\ g/cm^3$ die Dichte von Quecksilber bei Versuchstemperatur, so läßt sich mit den meßbaren Größen das Gewicht des Quecksilbers nach der folgenden Gleichung ermitteln:

$$(V_o + \pi r_K^2 \cdot h_o - V_G - V_P) \cdot \rho_{Hg} = G_S - G_W - G_o \qquad (34)$$

Aus den Bestimmungsgleichungen (33) und (34) ermittelt sich das Volumen der Spritzschicht ohne Poren zu:

$$V_G = V_o + (h_1 - h_x) \cdot \pi r_K^2 - \frac{G_S - G_W - G_o}{\rho_{Hg}} \qquad (35)$$

Setzt man Gl. (35) in die Bestimmungsgleichung für die Dichte ein, so ergibt sich

$$\rho_S = \frac{G_W}{V_G} = \frac{G_W}{V_o + (h_1 - h_x) \cdot \pi r_K^2 - \frac{G_S - G_W - G_o}{\rho_{Hg}}} \qquad (36)$$

Nach Gl. (36) erhält man als Dichte für die Al_2O_3-Schicht

$$\rho_S = 3{,}62\ \frac{g}{cm^3}$$

Dieser Wert für die Dichte einer Al_2O_3-Spritzschicht läßt einige Schlüsse zu. Beim Spritzprozeß wird die hexagonale α-Modifikation des Spritzgutes aufgeschmolzen und auf das Werkstück aufgetragen. Dabei erfolgt eine plötzliche Abschrekkung der Al_2O_3-Schmelztröpfchen und es entsteht die Abschreckmodifikation, das kubische γ-Al_2O_3. Die erstellte Spritzschicht besteht also zum überwiegenden Teil aus γ-Al_2O_3 mit einem Rest α-Al_2O_3. Setzt man die Spritzschicht anschließend Temperaturen $> 1100\,^oC$ aus, so wandelt sich das γ-Al_2O_3 wieder in die stabile α-Modifikation um. Diese Umwandlung ist mit einer Dichteänderung von $3{,}60\ g/cm^3$ auf $3{,}96\ g/cm^3$, d. h. bei gleichem Schichtvolumen mit einer Zunahme der Porosität verbunden [11; 150; 158]. Vergleicht man die in eigenen Versuchen ermittelte Dichte der Al_2O_3-Schicht von $3{,}62\ g/cm^3$ mit dem aus der Literatur [11] bekannten Dichtewert für die γ-Modifikation von $3{,}60\ g/cm^3$, so läßt sich aus der annähernden Übereinstimmung schließen, daß der Anteil von γ-Al_2O_3 in der Spritzschicht sehr hoch sein muß, was durch die kristallographischen Untersuchungen mit Hilfe der Röntgenbeugung bestätigt wurde (Kap. 10.6.6).

Als weitere Kenngröße einer Spritzschicht kann das Raumgewicht Φ_S bestimmt werden:

$$\Phi_S = \frac{G_W}{V_K} = \frac{\rho_S}{1+\rho_S \cdot V_S} \qquad (37)$$

Für die untersuchte Al_2O_3-Schicht ergibt sich ein Raumgewicht von $\Phi_S = 3,15$ g/cm^3. Über das Raumgewicht und das spezifische Volumen läßt sich nun die Gesamtporosität der Spritzschicht errechnen:

$$\epsilon = \frac{V_P}{V_K} = \Phi_S \cdot V_S \qquad (38)$$

Die Porosität der Al_2O_3-Spritzschicht beträgt $\epsilon = 12,9$ %.

Für eine unter optimalen Spritzdaten erstellte Al_2O_3-Spritzschicht mit 2,5 % TiO_2 ergeben sich mit der Einwaage $G_W = 2,2063$ und dem Porenvolumen $V_P = 0,07887$ cm^3 folgende Werte:

Spezifisches Volumen	$V_S = 0,0357$	cm^3/g
Dichte	$\rho_S = 3,55$	g/cm^3
Raumgewicht	$\Phi_S = 3,15$	g/cm^3
Porosität	$\epsilon = 11,26$	%

Vergleicht man die integrale und absolute Porenvolumenverteilung der beiden Spritzschichten miteinander (Abb. 87 und Abb. 88), so stellt man fest, daß bei der untersuchten Al_2O_3-Spritzschicht mit 2,5 % TiO_2 ein größerer Prozentsatz des gesamten Porenvolumens von Poren eingenommen wird, deren Radius größer als 75000 Å ist. Bei beiden entfällt übereinstimmend mehr als 50 % des Porenvolumens auf Poren mit Radien zwischen $4 \cdot 10^2$ und $7 \cdot 10^3$ Å.

Die Porosität der Al_2O_3-Spritzschicht mit 2,5 % TiO_2 zeigt, abhängig von der Variation der Einstellparameter, keine eindeutigen Änderungen. Die geringen Abweichungen der Porositätswerte lassen eine Tendenzangabe in den gewählten Einstellbereichen der Plasmaspritzanlage nicht zu. Die ermittelte Porosität der Spritzschicht liegt zwischen 9,7 und 14,0 % (Tabelle 1). Die gleichzeitig durch dieses Meßverfahren ermittelte Dichte der Spritzschicht weist, abhängig von den Einstellparametern, annähernd konstante Werte auf, die zwischen 3,53 und 3,68 g/cm^3 schwanken, was den hohen γ-Al_2O_3-Anteil in der Spritzschicht bestätigt. Als weitere Größe zur Beschreibung des Einflusses der Einstelldaten bietet sich das Porenvolumen an, das von

Poren mit einem Radius von mehr als 75000 Å eingenommen wird. Der prozentuale Anteil dieses Porenvolumens am gesamten Porenraum läßt jedoch auch keine eindeutige Erfassung des Einflusses der Einstellparameter zu. Nach der Aussage dieses Meßverfahrens zu urteilen, sind die genannten Kenngrößen der Spritzschicht in den untersuchten Einstellbereichen der Spritzanlage nicht nennenswert zu beeinflussen.

Die für die Korrosionsbeständigkeit wichtige Frage nach der Dichtigkeit der Spritzschicht kann durch dieses Verfahren nicht beantwortet werden, da zwischen nichtdurchgehenden Poren und Poren über die gesamte Schichtdicke nicht unterschieden wird. Durchgehende Poren lassen sich durch Verfahren erfassen, bei denen die Spritzschicht auf Durchlässigkeit von Gasen oder Flüssigkeiten geprüft wird. Als Bestätigung für das Vorhandensein von durchgehenden Poren kann die bei den Temperaturwechselversuchen ermittelte Oxidation des St 37 am Haftgrund angesehen werden. Ferner weist die Gewichtszunahme von allseitig bespritzten Proben nach einer vierwöchigen Lagerung in Wasser die Existenz von durchgehenden Poren bei Spritzschichten mit einer Schichtdicke $< 500\ \mu m$ nach.

10.6.4 Temperaturwechselbeständigkeit

Die in diesem Kapitel wiedergegebenen Versuchsergebnisse sind nicht kennzeichnend für Temperaturwechsel im allgemeinen, sondern nur für den hier gewählten Temperaturzyklus. Die in die Diagramme eingetragenen Werte sind Temperaturwechselzahlen, bei denen noch keine Zerstörung der Probe vorliegt; die Grenzwechselzahl beträgt 20 Temperaturwechsel. Erwärmt man gespritzte Proben unter den gewählten Bedingungen, so dehnt sich das Metall in stärkerem Maße aus als die Spritzschicht. Die Folge ist eine Abnahme der Druckspannungen (vgl. Kap. 10.5) in der Spritzschicht. Bei höheren Temperaturen kehren sich die Verhältnisse um: die Spritzschicht steht unter Zugspannungen, wodurch es schon allein durch die hohe Temperatur infolge der geringen Zugfestigkeit der keramischen Schicht (Abb. 84) zu Rissen in der Spritzschicht und damit zur Oxidation des Grundwerkstoffes kommen kann. Werden oxidkeramische Spritzschichten dauernden Temperaturwechseln ausgesetzt, so kann es nach dem Erkalten zum Abplatzen der Schichten kommen. Dies ist in den meisten Fällen nicht auf die mangelnde Haftfestigkeit des Überzuges zurückzuführen, sondern auf die falsche Wahl des Grundwerkstoffes. Keramische Schichten sind porös, so daß der Grundwerkstoff bei erhöhten Temperaturen durch den Zutritt von Luftsauerstoff oxidiert. Überschreitet die Eisenoxidschicht eine bestimmte Dicke, so werden die Schubspannungen zwischen dem Metall und seiner Oxidschicht so groß, daß die Oxidschicht zusammen mit der Spritzschicht abspringt.

Die Versuche zur Ermittlung der Temperaturwechselbeständigkeit haben ergeben, daß bei den im Ofen aufgeheizten Temperaturwechselproben ohne Zwischenschicht die Spritzschichten bei Aufheiztemperaturen von 800°C praktisch beim ersten Abschrecken sofort vollständig abplatzen (Abb. 89). Nur wenige Schichtreste bleiben an der Probe haften. An der Unterseite der abgeplatzten Spritzschicht findet man eine Zunderschicht. Auch die Zerstörung bei einer Aufheiztemperatur von 760°C kündigt sich kaum vorher an. Bis zum vorletzten Temperaturwechsel zeigen die Proben ein makelloses Oberflächenaussehen. Nach dem folgenden Temperaturwechsel sind jedoch schon große Schichtteile abgeplatzt. Die untersuchten unterschiedlichen Schichtdicken wirken sich bei Proben ohne Zwischenschicht kaum aus (Abb. 89).

In einer weiteren Versuchsreihe wurden Proben aus X 10 CrNi MoTi 18 10 mit Al_2O_3 + 2,5 % TiO_2 bespritzt, auf 800°C im Ofen aufgeheizt und anschließend in Wasser abgeschreckt. Im Vergleich zu den Proben, bei denen St 37 als Grundwerkstoff benutzt wurde, zeigten die Proben auch nach 20-maligem Abschrecken keine Zerstörung. Daraus läßt sich schließen: eine Unterzunderung der Spritzschicht ist nur zu vermeiden, wenn man als Trägerwerkstoff zunderbeständige Werkstoffe verwendet. Eine weitere Möglichkeit, eine Verzunderung des Trägerwerkstoffes zu verhindern, läßt sich durch das Aufspritzen von Zwischenschichten erreichen. Aus diesem Grunde wurden Temperaturwechselversuche ebenfalls an Proben mit einer Zwischenschicht aus NiCr 80/20 verschiedener Dicke durchgeführt. Die Diagramme in Abb. 89 lassen den Einfluß von Zwischenschichten klar erkennen. Die Darstellungen zeigen, daß alle keramischen Schichten mit Zwischenschichten erheblich höher aufgeheizt werden können oder erheblich höhere Temperaturwechselzahlen ertragen. Die Zerstörung der Proben mit Zwischenschichten erfolgte ebenfalls durch die Unterzunderung der Zwischenschicht. Die Unterzunderung geht vom Probenrand aus und hebt die Zwischenschicht zusammen mit der Auftragschicht vom Haftgrund ab.

Die Ergebnisse der Temperaturwechselprüfung an Al_2O_3 + 2,5 % TiO_2-Spritzproben, die von der Schichtseite her durch eine Azetylen-Sauerstoff-Flamme aufgeheizt wurden, zeigten im Vergleich zu den Ergebnissen der vorherigen Versuchsreihe keine nennenswerten Unterschiede (Abb. 90). Die Abweichung der Ergebnisse dürfte in der unterschiedlichen Dicke der Spritzschichten zu suchen sein. Die Zerstörung ging vom Probenrand aus und erfolgte auch hier durch Unterzunderung der Spritzschichten.

Die Ergebnisse der Temperaturwechselbeständigkeit von Al_2O_3-Spritzschichten stimmen in der Tendenz mit den Versuchen an den Al_2O_3-Schichten mit 2,5 % TiO_2-Zusatz überein. Aufgrund der größeren Dicke der Al_2O_3-Schicht tritt die Unterzunderung und damit die Zerstörung bei diesen Proben später ein. Die Spritzschichten springen zusammen mit der Zunderschicht ab. Nach der Zerstörung der Proben stellt man am äußeren Rand einen etwa 5 mm breiten Oxidring fest, der auf eine Oxidation des Grundwerkstoffes vom Probenrand her hindeutet. Oxidflecken in der Probenmitte lassen auf durchgehende Poren schließen. Die Versuche zeigen, daß für die Temperaturwechselbeständigkeit von Aluminiumoxid-Spritzschichten in Luftatmosphäre der Trägerwerkstoff ausschlaggebend ist. Eine vorzeitige Zerstörung aufgrund von Temperaturwechseln ist demnach durch die Wahl eines oxidationsbeständigen Grundwerkstoffes und bedingt durch oxidationsbeständige Zwischenschichten zu verhindern.

10.6.5 Wärmeleitfähigkeit

In vielen Bereichen der Technik gewinnen temperaturbeständige und wärmedämmende Spritzschichten zunehmend an Bedeutung. Die Wärmeleitfähigkeit von Spritzschichten weicht von der kompakter Werkstoffe sehr stark ab, so daß deren Wärmeleitfähigkeitswerte lediglich einen Anhaltspunkt für die Auswahl von wärmedämmenden Spritzschichten geben können.

In Abb. 91 ist die Abhängigkeit der Wärmeleitfähigkeit einer Al_2O_3-Spritzschicht mit 2,5 % TiO_2-Zusatz von der mittleren Temperatur dargestellt. Die mittlere Temperatur T_M ergibt sich als arithmetischer Mittelwert der beiden gemessenen Temperaturen T_i und T_a (Abb. 21). Mit steigender Temperatur ergibt sich ein geringer Anstieg der Wärmeleitfähigkeit. Die Absolutwerte der in dieser Arbeit bestimmten Wärmeleitfähigkeit sind von gleicher Größenordnung wie die des Isolierwerkstoffes Asbest [13]. Vergleicht man die Wärmeleitfähigkeitswerte der Spritzschicht mit der Wärmeleitfähigkeit von reinem Al_2O_3 maximaler Dichte (25,2 $\frac{kcal}{m\ h\ grd}$ bei 100°C [13]), so stellt man fest, daß letztere um etwa 2 Zehnerpotenzen höher liegt. Die Wärmeleitfähigkeit von plasmagespritztem Al_2O_3 (3,6 $\frac{kcal}{m\ h\ grd}$) ist nach Kirner [150] etwa um eine Zehnerpotenz höher als die hier ermittelten Werte für plasmagespritzte Al_2O_3-Schichten mit 2,5 % TiO_2. Leider sind von dem Autor die Versuchsanordnung und der für die Wärmeleitfähigkeit gültige Temperaturbereich nicht angegeben worden.

Die kristallstrukturellen Untersuchungen der Spritzschichten haben ergeben, daß unterschiedliche Modifikationen in der Schicht vorhanden sind. Diese beiden Modifikationen haben unterschiedliche Dichten. Ferner sind Spritzschichten porös und besitzen aufgrund verschiedener Spritzparameter unterschiedliche Porositäten. Diese Faktoren bestimmen in entscheidendem Maße die Wärmeleitfähigkeit der Schicht, so daß aufgrund des Geschilderten die Abweichung der Wärmeleitfähigkeitswerte der Spritzschicht von denen kompakter Werkstoffe erklärt werden kann. Die unterschiedliche Wärmeleitfähigkeit von Al_2O_3- und Al_2O_3 + 2,5 % TiO_2-Schichten kann z. B. auf den TiO_2-Gehalt zurückzuführen sein. Im Vergleich zu Al_2O_3 hat Titandioxid maximaler Dichte eine um eine Zehnerpotenz kleinere Wärmeleitfähigkeit (5,8 $\frac{kcal}{m\ h\ grd}$ bei 100°C).

Da für die experimentelle Bestimmung der Wärmeleitfähigkeit von Werkstoffen verschiedene Voraussetzungen getroffen werden müssen, sollte bei Untersuchungen dieser Art unbedingt die Versuchsanordnung angegeben werden. Vergleichende Untersuchungen an Spritzschichten sollten bei annähernd gleicher Porosität durchgeführt werden.

10.6.6 Metallographische und kristallstrukturelle Untersuchungen

Die Erstellung metallographischer Schliffe von Keramikspritzschichten auf artfremdem Grundwerkstoff ist schwieriger als z. B. die von Metallspritzschichten. Zum Trennen der mit Keramik überzogenen Proben wurden Silizium-Karbidscheiben verwendet. Eine glatte Schnittfläche wie bei Metallen entsteht infolge Ausbrechens von Partikelchen aus der Spritzschicht nicht. Zum Schleifen und Polieren der keramischen Spritzschichten wurden mit Diamantpaste bestrichene Scheiben benutzt.

Bei oxidkeramischen Werkstoffen tritt beim Durchgang der Pulverteilchen durch den heißen Plasmastrahl oftmals ein Sauerstoffverlust der Oxide auf. Die sauerstoffverarmten Gebiete sind gegenüber dem Ursprungswerkstoff dunkler bzw. schwarz gefärbt. Daher sind die Dunkelfärbungen auf den Querschliffen der Spritzschichten (Abb. 92 und Abb. 93) nicht allein als Poren und ausgebrochene Schichtteile, sondern auch als sauerstoffärmere Schichtbereiche anzusehen. Die hellen Bestandteile der Spritzschicht (weiße Punkte) sind metallische Einschlüsse. Das Auftreten dieser Einschlüsse läßt sich dadurch erklären, daß im Anlieferungszustand einzelne nichtoxidierte oder nur unvollkommen oxidierte Partikel im Pulver vorhanden sind. Wahrscheinlicher ist jedoch, daß die Einschlüsse von der Wolframkathode herrühren, die während des Spritzvorganges einem geringen Verschleiß unterworfen ist. Die Querschliffe zeigen ferner, wie man sich die mechanische Verklammerung am Haftgrund vorzustellen hat.

Härtemessungen an den dargestellten Spritzschichten nach Vickers ergaben für die Al_2O_3-Schichten mit 2,5 % TiO_2 einen mittleren Härtewert von $HV_{0,4}$ = 790 kp/mm², während für die Al_2O_3-Schicht $HV_{0,4}$ = 720 kp/mm² ermittelt wurde. Härtemessungen an Spritzschichten sind aufgrund des porösen Aufbaus schwierig, so daß die ermittelten Werte nicht als absolut gesichert anzusehen sind. Beim Eindrücken des Diamanten in die infolge ausgebrochener Partikel und Porosität nicht vollkommen plane Oberfläche werden Schichtteile seitlich weggedrückt und brechen aus. Dies bedingt zusammen mit der Modifikation der Spritzschicht (γ-Al_2O_3) die im Vergleich zu Sinterkörpern geringere Härte.

Bei den spröderen Al_2O_3-Schichten tritt im Gegensatz zu Al_2O_3-Schichten mit 2,5 % TiO_2 das Ausbrechen von Partikelchen bei der Schliffherstellung verstärkt auf. Dadurch ist bei diesen Schichten ein seitliches Wegdrücken von Schichtteilen beim Eindringen der Diamantspitze eher gegeben. Dies erklärt den für Al_2O_3-Schichten geringeren Härtewert.

Aluminiumoxid Al_2O_3 (Tonerde) entsteht beim Erhitzen von Hydrargillit Al $(OH)_3$ oder Böhmit AlO (OH) auf über 400°C in der Form des kubischen γ-Aluminiumoxids:

$$\gamma\text{-}Al(OH)_3 \xrightarrow{200^\circ C} \gamma\text{-}AlO(OH) \xrightarrow{400^\circ C} \gamma\text{-}Al_2O_3$$

Hierbei handelt es sich um ein weißes, in Wasser unlösliches, in starken Säuren und Basen dagegen lösliches, hygroskopisches Pulver. Beim Glühen auf über 1100°C geht es über verschiedene Zwischenformen in das sehr harte, säureunlösliche, nicht-hygroskopische, bei 2050°C schmelzende, hexagonale α-Aluminiumoxid (Korund) über:

$$\gamma\text{-}Al_2O_3 \xrightarrow{1100^{\circ}C} \alpha\text{-}Al_2O_3 + 5,5 \text{ kcal}$$

Diese Umwandlung ist reversibel, d. h. sie sollte sowohl beim Aufheizen als auch beim Abkühlen erfolgen. Da die Umwandlung jedoch relativ träge abläuft, bleibt das einmal gebildete α-Al_2O_3 beim Abkühlen erhalten und geht nicht in die γ-Form über [8].

Als Spritzwerkstoff wurde, wie die kristallstrukturelle Untersuchung feststellt, die hochtemperaturstabile, hexagonale α-Modifikation des Aluminiumoxids verwendet. Beim Plasmaspritzen von α-Al_2O_3 auf eine kalte Unterlage kühlen die aufgeschmolzenen Spritzteilchen so schnell ab, daß offensichtlich in Abhängigkeit von den Spritzparametern bei Raumtemperatur unerwartete oder sogar unbekannte Modifikationen des Aluminiumoxids auftreten können [150; 156]. Die Kenntnis der in der Spritzschicht vorliegenden Modifikation des keramischen Werkstoffes ist für die Praxis von großer Wichtigkeit, da die Eigenschaft der Schicht von der entsprechenden Modifikation abhängig ist.

Die kristallographischen Untersuchungen dieser Arbeit hatten das Ziel, die Modifikationen der Spritzschicht festzustellen, ihre Bildung zu erklären, um eventuell das Entstehen bestimmter Modifikationen beim Spritzen beeinflussen zu können.

Eine Reihe von auf verschiedenen Wegen hergestellten Al_2O_3-Spritzproben wurden nach der Röntgenbeugungsmethode mit einem Pulverdiffråktometer (Typ Norelco der Firma Röntgen-Müller, Cu-Röhre, Ni-Filter, Diskriminator) untersucht. Hierbei ist zu erwähnen, daß die untere Erfassungsgrenze der Röntgen-Feinstruktur-Analyse, grob geschätzt, bei 5 % liegen dürfte. Für die Untersuchungen wurden die Spritzschichten von der Unterlage abgelöst und pulverisiert. Das Pulverdiagramm einer unter Einstellung optimaler Spritzdaten auf den Grundwerkstoff St 37 aufgetragenen Schicht (Abb. 94 oben) zeigt deutlich, daß sowohl γ-Al_2O_3 als auch α-Al_2O_3 in der Spritzschicht auftritt. Eine grobe, halbqualitative Abschätzung ergab, daß die Spritzschicht zu etwa 80 % aus γ-Al_2O_3 und 20 % aus α-Aluminiumoxid aufgebaut ist. Die breiten Reflexe von γ-Al_2O_3 dürften auf geringe Korngröße bzw. schlechten Kristallisationszustand zurückgehen.

Um die Frage, wie es zur Bildung von γ-Al_2O_3 kommt, beantworten zu können, wird folgende Hypothese aufgestellt, die durch entsprechende Untersuchungen zu belegen ist. Beim Plasmaspritzen von α-Al_2O_3 werdenddie Pulverpartikel kurzfristig weit über ihre Schmelztemperatur von 2050°C erhitzt. Beim Auftreffen der Schmelztröpfchen auf eine kalte Unterlage (Raumtemperatur) wird der Schmelze aufgrund der guten Wärmeleitfähigkeit des metallischen Trägerwerkstoffes sehr schnell Wärme entzogen. Die Al_2O_3-Schmelztröpfchen werden abgeschreckt und unterkühlt, sie kristallisieren erst im Stabilitätsbereich von γ-Al_2O_3 (bei Temperaturen < 1100°C). Um diese Hypothese zu belegen, wurde unter Einstellung optimaler Spritzparameter α-Al_2O_3 auf Stahlbleche, die durch eine Azetylen-Sauerstoff-Flamme aufgeheizt wurden, aufgespritzt. Die Aufheizung erfolgte einmal auf 1100°C und im zweiten Fall war das Blech auf etwa 900°C vorgewärmt. Im Falle der Aufheizung auf 1100°C treffen die flüssigen Pulverpartikel auf eine Unterlage, deren Temperatur identisch mit der kritischen Umwandlungstemperatur zwischen der γ- und der α-Modifikation des Aluminiumoxids ist. Das bedeutet, daß die Schmelztröpfchen bezüglich dieser kritischen Temperatur nicht mehr abgeschreckt werden. Es kommt zur Kristallisation im α-Stabilitätsbereich (Abb. 94 unten). Wird die Unterlage dagegen lediglich auf etwa 900°C vorgewärmt, so erfahren die Schmelztröpfchen bezüglich der kritischen Temperatur eine Abschreckung über einen Temperaturbereich von 200°C. Das entsprechende Pulverdiagramm (Abb. 95 oben) ähnelt bezüglich der α- und γ-Verteilung sehr stark dem Pulverdiagramm (Abb. 94 oben). Allerdings tritt hier noch eine dritte Phase auf, die zwar relativ breite Reflexe zeigt, aber trotzdem mit großer Sicherheit als δ-Al_2O_3 identifiziert werden konnte. Die beiden Pulverdiagramme (Abb. 94 unten und Abb. 95 oben) bestätigen somit die zugrunde gelegte Arbeitshypothese.

Bei der Untersuchung der unter normalen Bedingungen gespritzten Schicht wurden laut Pulverdiagramm (Abb. 94 oben) etwa 20 % α-Al_2O_3 in der Spritzschicht nachgewiesen. Hieraus stellt sich die Frage, wie dieser α-Al_2O_3-Anteil zu erklären ist. Korundanteile können auftreten, wenn z. B. ungeschmolzenes Ausgangsmaterial mit in die Spritzschicht eingebaut wird. Andererseits besteht die Möglichkeit, daß zu große Schmelztröpfchen nicht genügend schnell abkühlen. Ein Spritzversuch in 20°C warmes Wasser zeigt, daß der Spritzwerkstoff entgegen aller Erwartung zum überwiegenden Teil aus α-Al_2O_3 mit geringen Mengen von δ-Aluminiumoxid besteht (Abb. 95 unten). Dieser Widerspruch läßt sich eventuell dadurch erklären, daß sich beim Eintreten in Wasser um die Schmelztröpfchen Wasserdampfblasen bilden, die thermisch isolierend wirken. Dadurch wird die Abkühlgeschwindigkeit soweit reduziert, daß α-Al_2O_3 kristallisieren kann. Außerdem besteht die Möglichkeit, daß die Anwesenheit der H_2O-Moleküle die Keimbildung von α-Al_2O_3 begünstigt. Zur Klärung des Kristallisationsvorganges von Aluminiumoxid bei totaler Abschreckung aus dem schmelzflüssigen Zustand sollte ein Abschreckmedium verwendet werden, das durch die auftreffenden, heißen Schmelzpartikel möglichst wenig verändert wird und die Kristallisation des Aluminiumoxids weitgehend unbeeinflußt vonstatten gehen läßt. Durch die totale Abschreckung der schmelzflüssigen Pulverpartikel ohne Beeinflussung der Kristallisation in Form von Keimbildung durch Fremdkeime sollte sich klären lassen, ob die 20 % α-Al_2O_3 in der Spritzschicht auf unaufgeschmolzenes α-Al_2O_3 zurückzuführen sind, oder ob eine gewisse Anzahl von Schmelztröpfchen bezüglich der Umwandlungstemperatur zwischen γ- und

α-Al_2O_3 nicht abgeschreckt werden, so daß eine Kristallisation im α-Stabilitätsbereich erfolgen kann.

Die Untersuchungen von Al_2O_3-Spritzschichten mit Hilfe der Röntgen-Feinstruktur-Analyse weisen nach, daß die in der Technik gewünschte sehr harte, säureunlösliche, nichthygroskopische, hexagonale α-Al_2O_3-Modifikation nur zu einem geringen Prozentsatz in der Spritzschicht vorkommt.

11. Zusammenfassung

Im Rahmen der vorliegenden Arbeit sollte durch grundlegende Untersuchungen an einem Plasmaspritzgerät das Verhalten des Lichtbogens innerhalb der Hohlanode festgestellt und die Kenndaten des Plasmastrahlerzeugers bestimmt werden. Geeignete Maßnahmen sollten ferner eine Standzeiterhöhung der Düsen ermöglichen und zur Verbesserung der Technologie des Plasmaspritzens beitragen.

Bei Plasmaspritzgeräten mit nichtübertragenem Lichtbogen brennt dieser nicht stabil, sondern oszilliert, d. h. der anodische Lichtbogenfußpunkt führt Bewegungen innerhalb der Düse aus. Diese Oszillationen äußern sich in ständigen Spannungsschwankungen, die dem quellenbedingten Spannungsverlauf überlagert sind. Mit steigender Plasmagasmenge steigen der Mittelwert der mittleren Schwingungsbreite und der Mittelwert der mittleren Frequenz der Spannungsschwankungen an, während mit zunehmender Stromstärke der Mittelwert der mittleren Schwingungsbreite abfällt und der Mittelwert der mittleren Frequenz für Stickstoff ansteigt bzw. für kleine Argon-Plasmagasmengen abfällt. Da die Größe der Schwingungsbreite durch die Dicke der Kaltgasschicht zwischen Bogenplasma und Düsenwand (Einschnürung) durch die Lichtbogenlänge, die elektrische Leitfähigkeit, den Anodenfall und durch den vom Lichtbogenfußpunkt überstrichenen Anodenkanalabschnitt bestimmt wird, kann über den Mittelwert der mittleren Schwingungsbreite auf die spezifische örtliche thermische Belastung der Düse geschlossen werden.

Aufgrund von Strom-Spannungsoszillogrammen wird ferner die dauernde Existenz eines Lichtbogens festgestellt. Für das Plasmagas Argon wird weiter nachgewiesen, daß gleichzeitig zwei Lichtbogenansätze nebeneinander bestehen. Über Hochgeschwindigkeitsaufnahmen des Düsenkanals entgegen der Plasmaströmungsrichtung wird ermittelt, daß den axialen Lichtbogenfußpunktbewegungen Bewegungen des anodischen Lichtbogenfußpunktes in Umfangsrichtung der Düse überlagert sind. Lichtintensitätsmessungen am eingeschnürten, nichtübertragenen Lichtbogen ergeben eine Frequenzgleichheit der elektrischen Leistungsoszillationen und der Intensitätsschwankungen.

Kalorimetrische Untersuchungen am vorhandenen Plasmastrahlerzeuger bestimmen über die vom Kühlwasser des Gerätes aufgenommene Wärmeleistung die Kenndaten des Plasmaspritzgerätes. Für die beiden Plasmagase Argon und Stickstoff wird mit zunehmender elektrischer Leistungsaufnahme des Spritzgerätes ein linearer Anstieg der thermischen Verlustleistung festgestellt, während mit zunehmender Plasmagasmenge bei konstanter elektrischer Leistungsaufnahme die an das Kühlwasser abgeführte Leistung abfällt. Bei konstanter elektrischer Leistungsaufnahme des Plasmastrahlerzeugers und sonst gleichen Einstelldaten ergeben sich für Argon im Vergleich zu Stickstoff größere Kühlwasserleistungen. Die ermittelten Gerätewirkungsgrade liegen je nach Einstelldaten für Argon zwischen 25 und 55 %, während bei der Verwendung von Stickstoff Wirkungsgrade zwischen 35 und 75 % festgestellt werden. Die kalorimetrischen Untersuchungen lassen ferner eine Abschätzung der mittleren Temperatur und mittleren Geschwindigkeit des Plasmastrahls an der Düsenmündung zu. Bei der Verwendung von Argon als Plasmagas steigen mit zunehmender elektrischer Leistungsaufnahme des Gerätes die mittlere Plasmastrahltemperatur und die mittlere Plasmastrahlgeschwindigkeit jeweils linear an. Im Vergleich dazu ergeben sich bei Stickstoff aufgrund der unterschiedlichen physikalischen Eigenschaften der Gase für steigende elektrische Leistungsaufnahmen degressive Zunahmen von mittlerer Plasmastrahltemperatur und mittlerer Plasmastrahlgeschwindigkeit. Eine ansteigende Plasmagasmenge hat bei beiden Plasmagasen eine Abnahme der Plasmastrahltemperatur bzw. eine Zunahme der Plasmastrahlgeschwindigkeit zur Folge.

Der Einsatz einer zusätzlichen Kühlkappe und die Abänderung des Kühlwassersystems erlauben die Anwendung höherer Leistungsaufnahmen bei vertretbarem Düsenverschleiß. Eine axiale Pulverzufuhr gestattet es, das Pulver in heißere Zonen des Plasmastrahls einzubringen und die Verweilzeit der Teilchen im Strahl zu erhöhen. Dadurch ist es bei gleichem Erschmelzungsgrad der Teilchen möglich, die elektrische Leistungsaufnahme des Plasmaspritzgerätes gegenüber der Pulverzufuhr im Düsenkanal zu verringern.

Als Möglichkeit zur Steuerung der Lichtbogenfußpunktbewegung innerhalb der Hohlanode sind ein rotierender Plasmagasstrom und die magnetische Ablenkung des Lichtbogenfußpunktes zu werten. Die Versuche bei der Verwendung von Argon als Plasmagas weisen nach, daß durch den Einsatz einer wirbelförmigen Gaszufuhr der Mittelwert der mittleren Schwingungsbreite der Spannungsoszillationen erhöht wird. Das zuvor Geschilderte gilt bei der Anwendung von Stickstoff für Gasmengen > 30 Nl/min. Hochgeschwindigkeitsaufnahmen des Düsenkanals zeigen für beide Plasmagase bei rotierendem Plasmagasstrom eine verstärkte Lichtbogenfußpunktbewegung auf dem Hohlanodenumfang. Im Gegensatz zur axialen Gaszufuhr wird hier nicht ein Bereich auf dem Düsenumfang bevorzugt, sondern der Lichtbogenfußpunkt bewegt sich ungleichförmig über den gesamten Hohlanodenumfang, was zur Standzeiterhöhung der Düsen beiträgt. Die kalorimetrischen Untersuchungen weisen übereinstimmend für beide Gase bei rotierendem Plasmagasstrom im Vergleich zum axialen kleinere Kühlwasserleistungen nach.

Die Versuche zur magnetischen Ablenkung des eingeschnürten Lichtbogens innerhalb der Hohlanode ergeben, daß das Einsetzen einer gesteuerten Lichtbogenfußpunktbewegung sowie die Rotationsfrequenz von der Stromstärke, dem Magnetisierungsstrom, der Plasmagasmenge und -art und den Düsenabmessungen stark abhängig ist. Unter Verwendung der beiden Plasmagase Argon und Stickstoff werden Bereiche, in denen eine gesteuerte Bewegung des anodischen Lichtbogenfußpunktes erfolgt, festgelegt und über Hochgeschwindigkeitsaufnahmen des Düsenkanals die mittlere Rotationsfrequenz bestimmt. Die Versuche weisen eindeutig nach, daß durch eine magnetisch gesteuerte Lichtbogenfußpunktbewegung eine Zerstörung der Hohlanode bei hoher elektrischer Leistungsaufnahme des Plasmaspritzgerätes (> 30 kW) vermieden werden kann. Der Einsatz des magnetisch abgelenkten Lichtbogens zum Spritzen ist dagegen nicht möglich. Wegen der auf das Spritzgut wirkenden Zentrifugalkraft wird die Mehrzahl des geschmolzenen Pulvers an die Düsenwand geschleudert und durch die axiale Plasmaströmung düsenabwärts in Richtung Düsenmund getrieben. Ein Einschalten des äußeren Magnetfeldes während der Zündphase des Gerätes ist jedoch sinnvoll, weil dadurch die Düsenstandzeit vergrößert werden kann. Die magnetische Ablenkung des anodischen Lichtbogenfußpunktes auf dem Umfang der Düse läßt ferner bei hohen Düsenstandzeiten die Anwendung von Wasserstoff als Plasmagas zu und ermöglicht so z. B. chemische Umsetzungen in Wasserstoffatmosphäre durchzuführen.

Die Untersuchungen zur Ermittlung des Gasdruckes in der Pulverzuleitung ergeben, daß der eingestellte Förderdruck aufgrund des geringen Gegendruckes vom Spritzgerät her (maximal 0,05 kp/cm^2) fast vollkommen für die Pulverförderung genutzt werden kann.

Die Spritzversuche wurden unter Einsatz eines rotierenden Plasmagasstromes mit dem magnetisch nichtabgelenkten Lichtbogen durchgeführt. Als Spritzwerkstoff wurde Al_2O_3- und Al_2O_3 + 2,5 % TiO_2 in Pulverform verwendet, als Grundwerkstoff wurde St 37 eingesetzt. Zur Ermittlung optimaler Spritzdaten wurde der Auftragwirkungsgrad herangezogen. Bedingt durch die unterschiedliche Schmelztemperatur und das unterschiedliche Reflexionsvermögen ergeben sich bei den beiden verwendeten Spritzpulvern bei gleichen Einstelldaten unterschiedliche Auftragwirkungsgrade. Abhängig von den Verfahrensparametern werden für Al_2O_3 mit einem Zusatz von 2,5 % TiO_2 Werte zwischen 10 und 60 % ermittelt, während beim Al_2O_3-Spritzpulver Auftragwirkungsgrade zwischen 3 und 30 % vorliegen.

Einen Eindruck über die mittlere Spritzteilchengeschwindigkeit und damit über die kinetische Energie der Teilchen kurz vor dem Aufprall, vermitteln die Geschwindigkeitsmessungen. Abhängig von den Einstelldaten des Plasmastrahlerzeugers ergeben sich mittlere Geschwindigkeitswerte zwischen 65 und 95 m/s.

Der industrielle Einsatz plasmagespritzter Schichten setzt verschiedene Schichteigenschaften voraus, von denen einige im Rahmen dieser Arbeit untersucht wurden. Haftfestigkeitsuntersuchungen an Al_2O_3- und Al_2O_3 + 2,5 % TiO_2-Spritzschichten ergeben aufgrund des steigenden Einflusses der Eigenspannungen und des verminderten Einflusses des Klebers mit steigender Spritzschichtdicke eine abfallende Haftfestigkeit, wobei bei Al_2O_3 Spritzschichten mit 2,5 % TiO_2 wegen der im Vergleich zur Al_2O_3-Spritzschicht größeren Zähigkeit größere Haftfestigkeiten ermittelt werden. Für Spritzschichtdicken zwischen 80 und 500 µm werden für die Al_2O_3-Spritzschicht Haftfestigkeitswerte zwischen 1,5 und 0,4 kp/mm^2 festgestellt, während im gleichen Schichtdickenbereich die Werte für die Al_2O_3 + 2,5 TiO_2-Schicht zwischen 2,5 und 0,6 kp/mm^2 liegen. Der Einsatz von 100 μm dicken Zwischenschichten aus NiCr 80/20 führt zu einer geringen Steigerung der Haftfestigkeit.

Eine Aussage über die Verformbarkeit plasmagespritzter keramischer Schichten liefert der Biegeversuch. Wegen der größeren Zähigkeit der Al_2O_3-Spritzschicht mit 2,5 % TiO_2-Zusatz werden bei dieser im Vergleich zur Al_2O_3-Spritzschicht geringfügig größere Biegewinkel festgestellt, die je nach Schichtdicke Werte zwischen 100° und 10° annehmen. Größere Schichtdicken weisen geringere Biegewinkel auf.

Spritztechnisch erstellte Überzüge sind porös, was oft als Nachteil für deren Einsatz angesehen wird. Das eingesetzte Meßverfahren liefert neben der Porosität der oxidkeramischen Spritzschichten als weitere Ergebnisse die Dichte und das Raumgewicht der Schichten. Das Verfahren beruht auf der Anwendung des Kapillargesetzes und setzt eine zylindrische Porenform mit Kreisquerschnitt voraus. Die Berechnung des Porenradius wird ferner durch die Randwinkelungenauigkeit beeinflußt. Die Poren müssen zur Oberfläche hin geöffnet sein, eingeschlossene Poren werden bei der Messung nicht erfaßt. Die für die Korrosionsbeständigkeit wichtige Frage nach der Dichtigkeit der Spritzschicht kann durch dieses Verfahren nicht beantwortet werden, da zwischen nichtdurchgehenden Poren und Poren über die gesamte Schichtdicke nicht unterschieden wird. Als Bestätigung für das Vorhandensein von durchgehenden Poren können wegen der Verzunderung des Grundwerkstoffes die Ergebnisse der Temperaturwechselversuche angesehen werden. Ferner weist die Gewichtszunahme von allseitig bespritzten Proben nach einer vierwöchigen Lagerung in Wasser auf die Existenz von durchgehenden Poren hin. Nach Aussage des gewählten Porositätsmeßverfahrens ergibt sich keine eindeutige Abhängigkeit der Porosität von den Einstellparametern. Die ermittelte Porosität der Spritzschichten liegt zwischen 9 und 14 %; die Dichte der Spritzschichten beträgt 3,53 bis 3,68 g/cm^3.

Die Untersuchungen zur Ermittlung der Temperaturwechselbeständigkeit von Spritzschichten zeigen, daß die Ofenaufheizung der Proben mit anschließender Wasserabschreckung die gleichen Temperaturwechselzahlen liefert, wie die Aufheizung der Proben durch eine Acetylen-Sauerstoff-Flamme von der Schichtseite her mit anschließender Druckluftabkühlung. In beiden Fällen ergeben sich bei Aufheiztemperaturen von 700°C mehr als 20 Temperaturwechsel. Die Zerstörung der Probe erfolgt durch Unterzunderung der Spritzschicht. Durch Verspritzen einer Zwischenschicht aus NiCr 80/20 lassen sich bei gleicher Aufheiztemperatur erheblich höhere Temperaturwechselzahlen erreichen.

Die für den Einsatz als Wärmeschranke wichtige Temperaturleitfähigkeit einer Spritzschicht wurde unter Anwendung eines Hohlzylinders mit radialem Wärmestrom ermittelt. Abhängig von der Temperatur ergeben sich Wärmeleitfähigkeitswerte zwischen 0,15 und 0,3 $\frac{kcal}{m\ h\ grd}$, die den Einsatz dieser Spritzschicht als Wärmeschranke ermöglichen.

Die kristallstrukturellen Untersuchungen mit Hilfe der Röntgenbeugung hatten das Ziel, die auftretenden Modifikationen der Spritzschicht festzustellen und ihre Bildung zu erklären. Als Spritzwerkstoff wurde die hochtemperaturstabile, hexagonale α-Modifikation des Aluminiumoxids verwendet, die nach dem Spritzprozeß wieder in der Schicht erwartet wurde. Die Untersuchungen zeigen jedoch, daß neben der α-Modifikation hauptsächlich die γ-Modifikation des Aluminiumoxids in der Spritzschicht auftritt. Eine quantitative Abschätzung ergab eine Schichtzusammensetzung von 80 % γ-Al_2O_3 und 20 % α-Al_2O_3. Beim Plasmaspritzen von α-Al_2O_3 werden die Pulverteilchen kurzfristig weit über ihre Schmelztemperatur von 2050°C erhitzt. Beim Auftreffen der Schmelztröpfchen auf die kalte Unterlage wird der Schmelze aufgrund der guten Wärmeleitfähigkeit des metallischen Trägerwerkstoffes sehr schnell Wärme entzogen. Die Al_2O_3-Schmelztröpfchen werden abgeschreckt und unterkühlt, sie kristallisieren erst im Stabilitätsbereich von γ-Al_2O_3 bei Temperaturen < 1100°C. Diese zunächst hypothetische Erklärung für das Auftreten der γ-Modifikation in der Schicht wurde durch Spritzversuche auf erhitzte Unterlagen bestätigt. Wird der Trägerwerkstoff auf über 1100°C erhitzt, so bildet sich nur α-Al_2O_3, während bei Vorwärmetemperaturen kleiner als 1100°C mit sinkender Vorwärmetemperatur neben α-Al_2O_3 zunehmend γ-Al_2O_3 in der Spritzschicht auftritt.

Die hohe Leistungsdichte des Plasmastrahls, ferner die aufgrund der guten Wärmeübergangswerte bedingten hohen Aufheizgeschwindigkeiten und die erreichbaren hohen Gasgeschwindigkeiten werden die Anwendung dieser Energiequelle mehr als bisher erweitern.

12. Literaturverzeichnis

I. Allgemein

[1] Anderson, T.P., R.W. Springer und R.C. Warder, Physico-chemical diagnostics of Plasma. Northwestern University Press, Evanston, 1963, S. 61.

[2] Bronstein, I.N. und K.A. Semendajew, Taschenbuch der Mathematik. VEB Edition, Leipzig, 2. Aufl. 1961, S. 469.

[3] Burhorn, F. und R. Wienecke, Kalorische Zustandsgrößen. Landholt-Börnstein, 6. Aufl., II. Bd., 4. Teil, S. 718/35.

[4] Eder, F.X., Moderne Meßmethoden der Physik. VEB Deutscher Verlag der Wissenschaften, Berlin, 2. Aufl. 1960, Teil I, S. 299.

[5] Graf, U., H.J. Henning und K. Stange, Formeln und Tabellen der mathematischen Statistik. Springer Verlag, Berlin, Heidelberg, New York, 2. Aufl. 1966, S. 229.

[6] Guyer, A. jun., B. Böhlen und A. Guyer, Über die Bestimmung von Porengrößen. Helv. Chim. Acta 42 (1959), S. 2103/10.

[7] Henning, H.J. und R. Wartmann, Stichproben kleinen Umfangs im Wahrscheinlichkeitsnetz. Mittlg. f. math. Statistik 9 (1957), S. 168.

[8] Hollemann, A.F. und E. Wiberg, Anorganische Chemie. Verlag W. de Gruyter, Berlin, 26. u. 27. Aufl. 1951, S. 374.

[9] Kohlrausch, F., Praktische Physik. Verlagsgesellschaft B.G. Taubner, Stuttgart, 21. Aufl. 1960, Bd. 1 und Bd. 2.

[10] Kolb, F., Die Anwendung von Zeitdehnerkameras in Industrie und Wissenschaft. Technische Rundschau Bd. 531 (1961), H. 9, S. 5/7.

[11] Plummer, M., The formation of metastable aluminas at high temperatures. Journal appl. Chem. 8 (1958), S. 35/44.

[12] Prandtl, L., Führer durch die Strömungslehre. Verlag Friedr. Vieweg, Braunschweig, 6. Aufl. 1965, S. 221/224.

[13] Schack, A., Der industrielle Wärmeübergang. Verlag Stahleisen m.b.H., Düsseldorf, 7. Aufl. 1969, S. 418.

[14] N.N., Oxidkeramische Spritzpulver. Kolloquium vom 6.3.1967 in Düsseldorf, Mitteilungen der Firma H.C. Starck, Berlin.

[15] Zagar, L., Ermittlung des Anteiles von durchgehenden Porenkanälen in feinporigen keramischen Werkstoffen. Sprechsaal 100 (1967), H. 1, S. 2/4, H. 3, S. 128/135, H. 4, S. 143/148.

[16] Zagar, L., Über die Möglichkeiten einer erweiterten Verwendung des Quecksilberporosimeters bei der Untersuchung von keramischen Werkstoffen und Erzeugnissen. Sprechsaal 101 (1968), H. 24, S. 1114/1120.

II. Anwendungen des eingeschnürten Lichtbogens

[17] Ardenne v., M., Der Plasmafeinstrahlbrenner, ein neuer Brennertyp für wirtschaftliches Schmelzschneiden. Schweißtechnik, Berlin 14 (1964), H. 10, S. 441/447.

[18] Asshauer, R.G. und S. Goodman, Automatic plasmaarc welding of square butt pipe joints. Welding Journal, New York 46 (1967), H. 5, S. 405/15.

[19] Bock, F., Das Plasmaschneiden von Edelstählen, plattierten Blechen und Nichteisenmetallen. Fachbuchreihe Schweißtechnik, Düsseldorf, Bd. 36 (1964).

[20] Bock, F., Plasmaschneiden. Schweißtechnik, Zürich 55 (1965), H. 2, S. 46/63.

[21] Bock, F., Plasmaverbindungsschweißen. Schweißtechnik, Zürich 55 (1965), H. 12, S. 453/55.

[22] Bock, F., Einsatzmöglichkeiten von Plasmabrennern mit geschlossenem Lichtbogen und ihre Konstruktion. VDI Forsch. Ing.-Wiss. 32 (1966), H. 3, S. 69/78.

[23] O'Brien, R.L., R.J. Wickham und W.P. Keane, Advances in plasma arc cutting. Welding Journal, New York 43 (1964), H. 12, S. 1015/21.

[24] Brown, K.W., Fine wire feeder for micro plasma welding. Metal Construction and British Welding Journal 1 (1969), H. 4, S. 169/173.

[25] Browning, M.A., The Dual-Flow Plasma Torch. Welding Journal, New York 43 (1964), H. 4, S. 275/79.

[26] Carpenter, R. und A. Fontana, Plasma arc pipe welding. AWS 46th Annual Meeting, Chicago, 26.-30. April 1965.
[27] Cooper, G.H., F. Palermo und F.A. Browning, Recent developments in plasma welding. Welding Journal, New York 44 (1965), H. 4, S. 268/276.
[28] Duray, M., Aufspritzen von Zirkonoxid auf den Gerätekopf von Raketensonden nach dem Plasmarcos-Verfahren. Hausmittlg. der Arcos Ges. f. Schweißtechnik mbH, Aachen, Nr. 158 (1969), S. 4251/4258.
[29] Eichhorn, F. und J. Metzler, Verbinden austenitischer Stahlbleche im Dickenbereich von 2 bis 8 mm durch Plasmaschweißen. Industrie-Anzeiger 90 (1968), H. 15, S. 273/79.
[30] Eichhorn, F. und J. Metzler, Einfluß verschiedener Schweißparameter auf die Lichtbogencharakteristik und das Schweißergebnis beim Plasmaauftragschweißen. Haus der Technik, Essen, Vortragsveröffentlichungen, Heft 197, S. 38/48, Vortragsreihe vom 14.11.1968.
[31] Eichhorn, F. und J. Metzler, Plasmaschweißen von 5 und 6 mm dickem austenitischem Stahl. Schweißen und Schneiden 22 (1970), H. 4, S. 151/154.
[32] Esibyan, E.M. und M.E. Danchenko, The AVFR-I Apparatus for the air plasma cutting of metals. Automatic Welding 22 (1969), H. 2, S. 69/71.
[33] Farwer, A., Beitrag zum Plasmaschneiden. DVS-Berichte, Düsseldorf "Der Plasmastrahl in der Schweißtechnik", Nr. 14 (1970), S. 57/62.
[34] Filipski, S.P., Plasma-arc-Welding. Welding Journal, New York 43 (1964), H. 11, S. 937/943.
[35] Gage, R.M., The plasma arc can now be used for welding and weld surfacing, Welding Des. Fabr. April 1961.
[36] Gerhold, E.A., Hard facing with plasma spray guns. British Welding Journal 7 (1960), H. 5, S. 372/330.
[37] Gorman, E.F., G.M. Skinner und D.M. Yenni, Plasmaneedle arc for very low current work. Welding Journal, New York 45 (1966), H. 11, S. 899/908.
[38] Langford, G.J., Plasma arc welding of Titanium. Welding Journal, New York 45 (1966), H. 10, S. 811/821.
[39] Langford, G.J., Plasma arc welding of structural Titanium Joints. Welding Journal, New York 47 (1968), H. 2, S. 102/113.
[40] Lemoine, J. und J. Sunnen, Schneiden von stark legierten Metallen und von Ne-Metallen mit dem Plasmabrenner. Hausmittlg. der Arcos Ges. f. Schweißtechnik mbH, Aachen, Nr. 153 (1966), S. 3523/3534.
[41] Marquardt, E., Schweißen mit nichtübertragenem Plasmastrahl. ZIS-Mitteilungen, Halle, 7 (1965), H. 5, S. 787/793.
[42] Marquardt, E., Untersuchungen zum Plasmaverbindungsschweißen. ZIS-Mitteilungen, Halle, 9 (1967), H. 2, S. 228/237.
[43] Marquardt, E. und S. Völker, Zum Plasmaschweißen von unlegierten Feinblechen mit verschiedenen Fokussiergasen. ZIS-Mitteilungen, Halle, 9 (1967), H. 12, S. 1672/1676.
[44] Mash, D.R., N.E. Wears und D.L. Walker, Process variables in plasma jet spraying. Journal of Metals 13 (1961), H. 7, S. 473/478.
[45] Matting, A. und B. Delventhal, Das Plasmaspritzen und die Herstellbarkeit wärmedämmender Schutzschichten auf Stahl. Metalloberfläche 20 (1966), H. 10, S. 424/34.
[46] Miller, H.R. und S.P. Filipski, Automated plasma arc welding for aerospace and cryogenic-fabrication. Welding Journal, New York 45 (1966), H. 6, S. 493/501.
[47] Neuenschwander, E., Herstellung und Charakterisierung von ultrafeinen Karbiden, Nitriden und Metallen. Journal Less-Common Metals 11 (1966), H. 7, S. 365/375.
[48] Okada, M., H. Maruo und K. Namba, Studies on plasma welding on the welding of Stainless Steel, Mild Steel and Titanium plates. Technologie Reports of the Osaka University, Vol. 17 (1967), Nr. 752.
[49] Pease, G.R., A.G. Lingenfelter und H.H. Ruble, Plasma arc welding of Nickel and high Nickel Alloys. Welding Journal, New York 45 (1966), H. 5, S. 417/422.
[50] Privoznik, L.J. und H.R. Miller, Evaluation of plasma arc welding for 120 in diameter rocket motor case. Welding Journal, New York 45 (1966), H. 9, S. 717/725.
[51] Privoznik, L.J., Plasma arc welds thin materials fast. Materials Engeneering (1967), H. 8, S. 66/69.
[52] Schmitt, O. und P. Ranke, Plasma-Dichtflächenpanzerungen an Sitz- und Schieberingen. Der Praktiker, Düsseldorf 19 (1967), H. 11, S. 264/267.
[53] Shnaider, B.I. u.a., Microplasma welding. Automatic Welding 21 (1968), H. 6, S. 44/46.

[54] Schoumaker, H., Industrielle Anwendung des Plasmas. Hausmittlg. der Arcos-Ges. f. Schweißtechnik mbH, Aachen, Nr. 156 (1968), S. 4183/4196.
[55] Schoumaker, H., Neue Fortschritte in der Plasmatechnik. Hausmittlg. der Arcos-Ges. f. Schweißtechnik mbH, Aachen, Nr. 157 (1969), S. 4224/4234.
[56] Shapiro, J.S., B.D. Beider und L.M. Persists, Plasma cutting in nitrogen with increased concentration of energy in the nozzle bore. Welding Production 15 (1968), H. 6, S. 67/71.
[57] Skinner, G.M. und R.J. Wickham, High quality plasma arc cutting and piercing. Welding Journal, New York 46 (1967), H. 8, S. 657/64.
[58] Stober, R. und G. Wiedekind, Mikroplasmaschweißen von Kernspeichern. Schweißen und Schneiden 20 (1968), H. 9, S. 480/83.
[59] Sunnen, J., Industrielle Anwendung der Plasmawärme. Technische Mitteilungen 58 (1965), H. 9, S. 528/531.
[60] Vainboin, D.J., V.M. Goldfarb und A.D. Yurk, Plasma arc cutting with compressed air and Zirconium cathode. Welding Production 14 (1967), H. 8, S. 1/4.
[61] Wagenleitner, A.H., Mikro-Plasma-Lichtbogenschweißverfahren für die Verbindung dünner Bleche. Schweißtechnik, Zürich 55 (1965), H. 12, S. 455/458.
[62] Wagenleitner, A.H. und H. Liebisch, Mikroplasmaschweißen: Zwei typische Anwendungen. Der Praktiker, Düsseldorf 19 (1967), H. 9, S. 232/33.
[63] Wagenleitner, A.H. und H. Liebisch, Mikroplasmaschweißen ein neues Verfahren für das Verbinden kleinster Querschnitte. Schweizer Archiv 34 (1968), H. 4, S. 101/108.
[64] Wagenleitner, A.H. und H. Liebisch, Mikroplasmaschweißen von dünnwandigen CrNi-Stahlrohren. Der Praktiker, Düsseldorf 20 (1968), H. 9, S. 218.
[65] Walter, F. und J. Metzler, Plasmatechnik. Technische Mitteilungen 59 (1966), H. 11, S. 582/589.
[66] Walter, F., Untersuchungen zum Auftragschweißen mit dem Plasmaverfahren. Dissertation an der RWTH Aachen, 1967.
[67] Wendler, F., Anwendungen des Lichtbogen-Plasmabrenners. Elektrotechnische Zeitschrift 15 (1963), H. 1, S. 6/9.
[68] Wendler, F., Lichtbogen-Plasmabrenner in der Oberflächentechnik. Jahrb. d. Oberflächentechnik, Metall-Verlag GmbH, Berlin 1964, 20. Bd., S 233/242.
[69] Witting, E., Plasma-Auftragschweißung. Maschinenmarkt 68 (1962), H. 94, 23. Nov. 1962, S. 28/31.
[70] Witting, E., Grundlagen und Anwendungen der Plasmaverfahren. Schweißen und Schneiden 14 (1963), H. 5, S. 193/200.
[71] Zuchowski, R.S. und R.P. Culbertson, Plasma arc weld surfacing. Welding Journal, New York 41 (1962), H. 6, S. 548/555.
[72] Zuchowski, R.S. und E. Garrabrant, New developments in plasma arc weld surfacing. Welding Journal, New York 43 (1964), H. 1, S. 13/26.
[73] Zucketto, M., Erzeugung und Anwendung eines freibrennenden Dreiphasen-Wechselstrom-Plasmas. DVS-Berichte, Düsseldorf "Der Plasmastrahl in der Schweißtechnik", Nr. 14, 1970, S. 47/50.
[74] Zucketto, M., Industrielle Anwendung der Plasmatechnik. Draht-Welt 56 (1970), H. 8, S. 427/433.

III. Lichtbogenphysik, physikalisch technologische Untersuchungen an Plasmageräten, magnetische Beeinflussung von Lichtbögen

[75] Bowman, H.J. und E.W. Williams, Welding method and apparatus. United States Patent 2,844,705, July 22 (1958).
[76] Briese, K. und P. Henkel, Schweißen mit umlaufendem Lichtbogen. Schweißtechnik, Berlin 19 (1969), H. 1, S. 1/5.
[77] Brückner, R., Spektroskopische Temperaturmessungen oberhalb 3500 °C und Bestimmung der Temperaturverteilung eines Plasmabrenners bei Atmosphärendruck. Berichte Deutsche Keramische Gesellschaft 40 (1963), H. 11, S. 603/14.
[78] Bunt, E.A. und H.L. Olson, Plasma arc heating for hypersonic wind tunnels. Res. Appl. Industry 14 (1961), S. 353/366.
[79] Bunt, E.A. und H.L. Olson, "Pinhole camera" for determination of plasma arc rotational speed. ARS-Journal 31 (1961), S. 826.
[80] Burhorn, F., H. Maecker und Th. Peters, Temperaturmessungen am wasserstabilisierten Hochleistungsbogen. Zeitschrift f. Physik, Bd. 131 (1951), S. 28/40.

[81] Busz-Peuckert, G. und W. Finkelnburg, Zum Anodenmechanismus des thermischen Argonbogens. Zeitschrift f. Physik, Bd. 144 (1956), S. 244/251.
[82] Busz-Peuckert, G. und W. Finkelnburg, Zum Entladungsmechanismus des Hochtemperaturbogens. Zeitschrift f. Physik, Bd. 146 (1956), S. 655/663,
[83] Conn, W.M., Die technische Physik der Lichtbogenschweißung. Springer-Verlag, Berlin, Göttingen, Heidelberg 1959.
[84] Delventhal, B. und U. Gramberg, Vorgänge in der Düse eines Plasmabrenners mit nichtübertragenem Lichtbogen. Schweißen und Schneiden 19 (1967), H. 10, S. 467/79.
[85] Dudko, D.A. und A.N. Kornienko, The thermal efficiency of AC plasma arc welding. Automatic Welding 20 (1967), H. 11, S. 27/31.
[86] Eichhorn, F. und J. Metzler, Grundsätzliche Untersuchungen über die günstigste Ausbildung des Plasmastrahls zum Verbindungsschweißen". Zwischenbericht an die DFG, Ei 80/19 vom 25.3.70.
[87] Eidinger, A. und W. Rieder, Das Verhalten des Lichtbogens im transversalen Magnetfeld (magnetische Blasung). Archiv f. Elektrotechnik, Bd. 43 (1957), H. 2, S. 94/114.
[88] Erdmann-Jesnitzer, F., W. Schröder und J. Schubert, Beobachtungen zur Wirkung von Magnetfeldern beim Lichtbogenschweißen. Werkstatt und Betrieb 94 (1961), H. 8, S. 506/508.
[89] Erdmann-Jesnitzer, F. und E. Feustel, Der Einfluß von Zusatzmagnetfeldern auf Elektroschweißverfahren. Fachbuchreihe Schweißtechnik, Düsseldorf, Bd. 46 (1966), S. 27/33.
[90] Erdmann-Jesnitzer, F. und E. Feustel, Grundlagen des Magnet-Impulsschweißens. Schweißen und Schneiden 19 (1967), H. 1, S. 2/8.
[91] Fucks, W., Physik des Plasmas und die Verwendung des Lichtbogens zur Erzeugung sehr hoher Temperaturen. Industrie-Anzeiger 84 (1962), H. 92, S. 2163/2164.
[92] Gerdien, H. und A. Lotz, Über eine Lichtquelle von sehr hoher Flächenhelligkeit. Wiss. Veröff. Siemens Konzern Bd. 2 (1922), S. 489/496 und Zeitschrift Technische Physik 4, 157 (1923).
[93] Greene, W.J., Magnetic oscillation of welding arcs. United States Patent 2.920.183 Jan. 5 (1960).
[94] Guile, A.E. und P.E. Secker, Arc cathode movement in a magnetic field. Journ. of Appl. Physics, Vol. 29 (1958), H. 12, S. 1662/67.
[95] Gvozdetskii, V.S. und V.S. Mechev, Displacement of the electric arc in a magnetic field. Automatic Welding 16 (1963), H. 10, S. 49/55.
[96] Gvozdetskii, V.S. und V.S. Mechev, Research into D.C. welding arcs (plane and tapering) rotating in magnetic fields. Automatic Welding 16 (1963), H. 12, S. 1/5.
[97] Hantzsche, H., Eine gasstabilisierte Plasmaspritzpistole. Schweißtechnik, Berlin 13 (1963), H. 9, S. 388/92.
[98] Harvey, J.K., P.G. Simpkins und B.D. Adcock, Instability of arc columns. AJAA Journal 1 (1963), H. 3, S. 714/716.
[99] Hicken, G.K. und C.E. Jackson, The effects of applied magnetic fields on welding arcs. Welding Journal, New York 45 (1966), H. 11, S. 515s/524s, Weld. Res. Suppl. Nov. 1966.
[100] Irmer, W. und S. König, Einfluß der Plasmagasmenge auf die Ausbildung des Stichloches beim Plasmaschweißen. ZIS-Mitteilungen, Halle 9 (1967), H. 12, S. 1677/85.
[101] Jahn, R.E., Spectroscopic measurements of the temperature of plasma jets. Proc. 5 internat. Conf. Ionization Phenomea in Gases, North Holland Publ. Co. Amsterdam (1962), Vol. 1, S. 955/66.
[102] Jahn, R.E., Temperature distribution and thermal efficiency of low power arc heated plasma jets. British Journal appl. Phys. 14 (1963), S. 585/588.
[103] Kasbohm, J., Die effektive Wärmeleistung des Plasmabogens beim Plasmadünnblechschweißen. Schweißtechnik, Berlin 18 (1968), H. 8, S. 360/63.
[104] Kasbohm, J., Physikalische Grundlagen des Plasmadünnblechschweißens. Schweißtechnik, Berlin 18 (1968), H. 10, S. 463/66.
[105] Kinnard, L.J., Arc Welding machine. United States Patent 1.921.572, Aug. 8 (1933).
[106] Kopaev, B.V., The thermal characteristics of an arc oscillating in a transverse magnetic field. Welding Production 15 (1968), H. 3, S. 20/22.
[107] Kovalev, J.J., Deflection of a welding arc in a transverse magnetic field. Welding Production 12 (1965), H. 10, S. 6/9.
[108] Kovalev, J.M. und A.J. Akulov, Stability of the welding arc in a transverse magnetic field. Welding Production 12 (1965), H. 10, S. 9/14.

[109] Levakov, V.S. und K.V. Lyubavskii, Influence of a longitudinal magnetic field on an electric arc using a nonconsumable tungsten cathode. Welding Production 12 (1965), H. 10, S. 1520.
[110] Looke, M., W. Neumann und K. Rademacher, Untersuchungen der radialen Temperaturverteilung und der Strömungsgeschwindigkeit im stationären und impulsmodelierten Argon-Plasmastrahl bei Atmosphärendruck. Beiträge aus der Plasmaphysik Bd. 3/4 (1964), H. 4, S. 239/62.
[111] Maecker, H., Plasmaströmungen in Lichtbögen infolge eigenmagnetischer Kompression. Zeitschrift f. Physik, Bd. 141 (1955), S. 198/216.
[112] Maecker, H., Was ist Plasma? Fachbuchreihe Schweißtechnik, Düsseldorf, Bd. 27 (1962), S. 1/11.
[113] Marquardt, E. und H.J. Ledig, Einfluß von Fokussiergasen beim Plasmaschweißen von austenitischen Chrom-Nickel-Stählen. ZIS-Mitteilungen, Halle 9 (1967), H. 12, S. 1659/1671.
[114] Matting, A. und H.D. Steffens, Beitrag zur Erforschung des Lichtbogen-Metallspritzprozesses. Zeitschrift Metallkunde 53 (1962), H. 2, S. 138/44.
[115] Mechev, V.S., Amplitude of oscillation of an electric arc in an alternating magnetic field. Welding Production 15 (1968), H. 3, S. 17/19.
[116] Meyer, H., Der Lichtbogenplasmabrenner. Umschau (1961), H. 23, S. 713/14, S. 742/43.
[117] Meyer, H., Ein Plasmabrenner für den Laborgebrauch. Elektrowärme 20 (1962), H. 5, S. 230/34.
[118] Moritz, J., W. Neumann und K. Rademacher, Über die Bewegung des Bogenansatzes an Plasmastrahl-Hohlanoden. Beiträge aus der Plasmaphysik Bd. 5 (1965), H. 4, S. 231/305.
[119] Neumann, W., A. Peters, K. Rademacher und R. Rompe, Beschreibung einer Anordnung zur Erzeugung eines Argonplasmastrahls mit beständigen Elektroden und Messung der Temperaturverteilung im Plasmastrahl. Experimentelle Technik d. Physik (1959), H. 2, S. 77/84.
[120] Neumann, W., Leistungsmessung am Argon-Plasmastrahl. Monatsber. d. dt. Akad. d. Wissensch. Bd. 2 (1960), H. 6, S. 337/40.
[121] Neumann, W., Bestimmung der Kenndaten eines an die freie Atmosphäre austretenden Plasmastrahls. Beiträge aus der Plasmaphysik 1 (1960/61), H. 2, S. 119/125.
[122] Neumann, W., Charakteristiken von Argon-Plasmastrahlerzeugern für Unterschallgeschwindigeit. Experimentelle Technik d. Physik 10 (1962), H. 2, S. 124/40.
[123] Neumann, W., Untersuchungen über die Abhängigkeit der Plasmastrahlparameter von der Bogenlänge. Experimentelle Technik d. Physik 13 (1965), H. 3, S. 157/168.
[124] N.N., DRP 685455 von 1939 "Lichtbogengebläse". Anmelder: Siemens-Schuckertwerke AG.
[125] Patt, H.J., Grundlagen der Plasmaphysik. VDI-Zeitschrift 109 (1967), H. 11, S. 481/85.
[126] Patt, H.J., Grundlagen der elektromagnetischen Plasmabeschleunigung. VDI-Zeitschrift 111 (1969), H. 19, S. 1325/1327.
[127] Patriarca, P. und G.M. Slaughter, Cone-Arc Welding. Welding Journal, New York 32 (1953), H. 7, S. 597/602.
[128] Richter, W., Apparatus for electric arc welding. United States Patent 1.792.243, Febr. 10 (1931).
[129] Richter, E. und H. Klotz, Einfluß äußerer Magentfelder auf die Raupenform beim teilautomatischen Lichtbogenschmelzschweißen. Schweißtechnik, Berlin 19 (1966), H. 7, S. 310/314.
[130] Robson, A.E. und A. von Engel, Motion of a short arc in a magnetic field. Physical Review, Vol. 104 (1956), H. 11, S. 15/16.
[131] Roman, W.C., Some observations on the foreward and retrograte motion of electric arcs in transverse magnetc fields. Proc. 6. internat. Conf. Ionization Phenomena in Gases, Paris (1963), H. 2, S. 287/294.
[132] Schultz, H.E., Arc Stray control. United States Patent 2.994.763, Aug. 1 (1961).
[133] Scott, E.K., Methods of suppressing arc in switches, fuses etc. Electrician, Bd. 44 (1899/1900), S. 218/221, S. 256/257, S. 290/292.
[134] Serdyuk, D.B. und A.N. Kornienko, The welding arc in a alternating transverse magnetic field. Automatic Welding 16 (1963), H. 10, S. 7/13.
[135] Serdyuk, G.B, Aspects of the magnetic control of welding arcs. Rotation of a magnetically controlled welding arc between concentric electrodes. Welding Production 12 (1965), H. 10, S. 1/4.
[136] Stolt, H., Die Rotation des elektrischen Lichtbogens bei Atmosphärendruck. Annalen der Physik, IV. Folge 74 (1924), S. 80/104.

[137] Taran, V.D. und G. Gagen, The forces acting on an arc in a magnetic field. Welding Production 12 (1965), H. 5, S. 4/7.
[138] Tateno, H. und K. Saito, Anodic phenomena in nitrogen plasma jet. Japan Journal Appl. Phys. 2 (1963), H. 3, S. 192/193.
[139] Uhlenbusch, J., Zur Bestimmung des Transportkoeffizienten eines Plasmas aus gemessenen Bogendaten. Habilitation an der RWTH Aachen, 1966.
[140] Weed, J.M., Electric arc welding. United States Patent 1.740.381, Dec. 17 (1929).
[141] Weiss, R., Untersuchung des Plasmastrahls, der aus einem Hochleistungsbogen austritt. Zeitschrift f. Physik, Bd. 138 (1954), S. 170/182.
[142] Wendler, F. und G. Nette, Gasstabilisierter Plasmabrenner kleiner Abmessungen mit nichtübertragenem Lichtbogen. Elektrotechnische Zeitschrift Ausg. A 85 (1964), H. 11, S. 737/42.
[143] Wienecke, R., Über physikalische Vorgänge in Lichtbögen. Schweißen und Schneiden 9 (1957), H. 9, S. 428/434.
[144] Yenni, D.M., Self-induced magnetic field controlled gas shielded arc welding process and apparatus. United States Patent 2.694.129, Nov. 9 (1964).

IV. Eigenschaften von Spritzschichten, Haftmechanismen, Schmelzvorgänge im Plasmastrahl

[145] Ebert, K.A., Das Koroosionsverhalten plasmagespritzter Schichten. Fachbuchreihe Schweißtechnik, Düsseldorf, Bd. 36 (1964), S. 114/122.
[146] Eichhorn, F. und J. Metzler, Plasmaspritzen von oxidkeramischen Werkstoffen - Eigenschaften und Verhalten plasmagespritzter Schichten. Metalloberfläche 22 (1968), H. 8, S. 225/34.
[147] Engell, H.J., Die Haftfestigkeit von Oberflächenschichten auf Metallen. Werkstoffe und Korrosion 11 (1960), H. 3, S. 147/51.
[148] Frodl, O., Das Metallspritzen mit der Plasmaflamme und Eigenschaften plasmagespritzter Werkstoffe. Schweißen und Schneiden 14 (1962), H. 1, S. 48/49.
[149] Kirner, K., Ein Beitrag zum Plasmaspritzen hochschmelzender Werkstoffe. Molybdän-Dienst, Düsseldorf, H. 47, Juli 1967.
[150] Kirner, K., Plasmagespritzte elektrisch isolierende Keramikschichten. Bosch Technische Berichte 2, H. 5, Nov. 1968, S. 220/26.
[151] Lazlo, T.S., Mechanical adherence of flame-sprayed coatings. American Ceramic Soc. Bull 40 (1960), H. 12, S. 751/55.
[152] Levinstein, M.A., A. Eisenlohr und B.E. Kramer, Properties of plasma-sprayed materials. Welding Journal, New York 40 (1961), H. 1, S. 8s/13s, Weld. Res. Suppl. Jan. 1961.
[153] Matting, A. und H.D. Steffens, Haftung und Schichtaufbau beim Lichtbogen- und Flammspritzen. Fachbuchreihe Schweißtechnik, Düsseldorf, Bd. 38 (1964), S. 54/77.
[154] Matting, A. und B. Delventhal, Herstellen und Prüfen plasmagespritzter Überzüge. Blech 13 (1966), H. 11, S. 551/555.
[155] Meyer, H. und A. Dietzel, Das Flammspritzen von keramischen Überzügen. Berichte Deutsche Keramische Gesellschaft 37 (1960), H. 4, S. 136/141.
[156] Meyer, H., Über das Flammspritzen von Aluminiumoxid. Werkstoffe und Korrosion 11 (1960), H. 10, S. 601/16.
[157] Meyer, H., Das Verhalten von Pulvern im Plasmastrahl. Berichte Deutsche Keramische Gesellschaft 39 (1962), H. 2, S. 115/124.
[158] Meyer, H., Über die Verwendung von chromoxidhaltigem Aluminiumoxid beim Flammspritzen. Berichte Deutsche Keramische Gesellschaft 40 (1963), H. 6, S. 385.
[159] Meyer, H., Über das Schmelzen von Pulvern im Plasmastrahl. Berichte Deutsche Keramische Gesellschaft 41 (1964), H. 2, S. 112/119.
[160] Moore, D.G., Studies on the flame-spraying of aluminiumoxide. Vortrag auf der Jahresversammlung des IIW, Lüttich 1960.
[161] Moss, A.R. und W.J. Young, The rolle of arc plasma in metallurgy. Powder Metallurgy 7 (1964), H. 14, S. 261/289.
[162] Sternkopf, J. und G. Lüdke, Oxydkeramische Überzüge und ihre Einsatzmöglichkeiten. Schweißtechnik, Berlin 13 (1963), H. 9, S. 426/429.

Anhang

a) Abbildungen

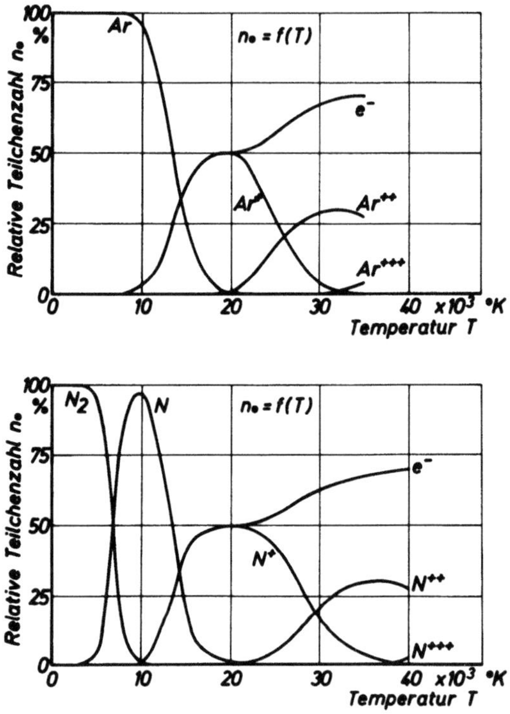

Abb. 1: Relative Teilchenzahlen eines Argon- und Stickstoffplasmas bei 1 atm in Abhängigkeit von der Temperatur [1; 3]

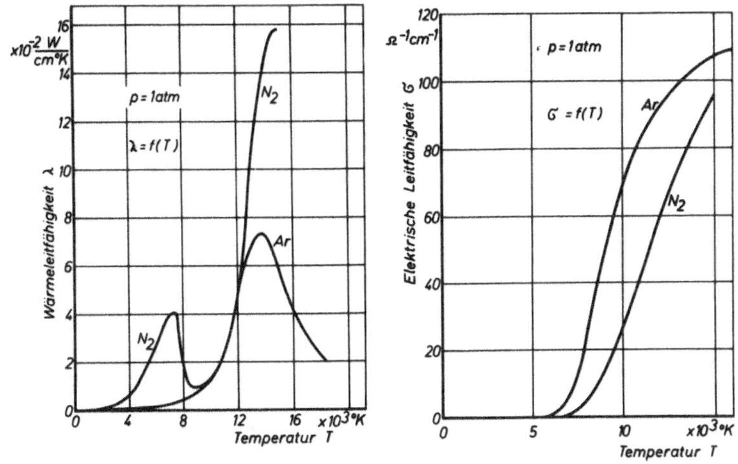

Abb. 2: Wärmeleitfähigkeit λ und elektrische Leitfähigkeit σ eines Argon- und Stickstoffplasmas bei 1 atm in Abhängigkeit von der Temperatur [139]

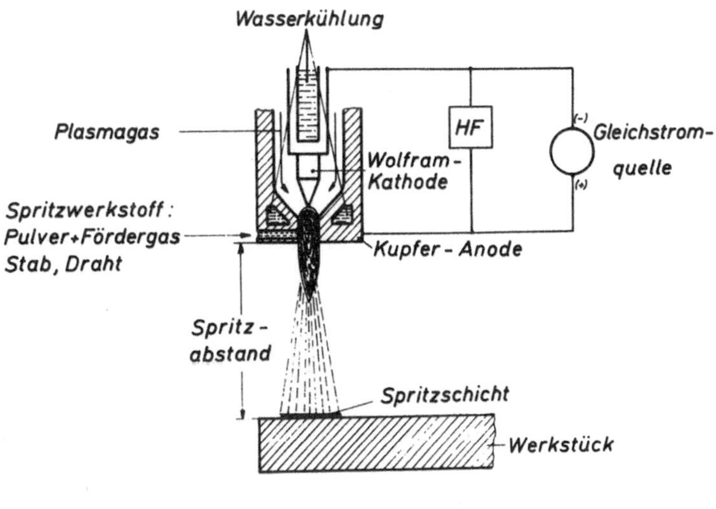

Abb. 3: Prinzipielle Anordnung zum Plasmapritzen (nichtübertragener Lichtbogen)

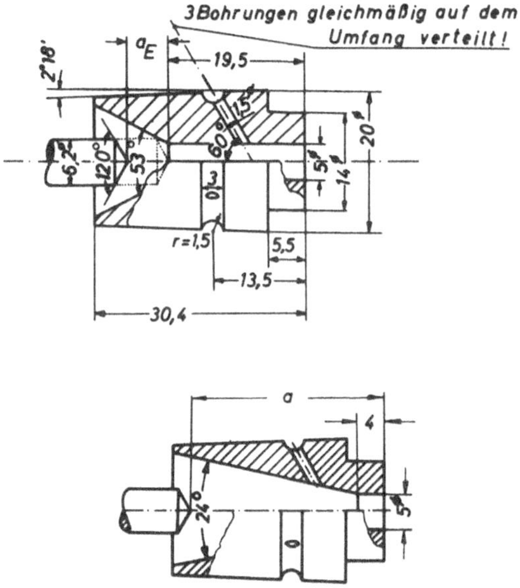

Abb. 4: Abmessungen der verwendeten Kupferdüsen

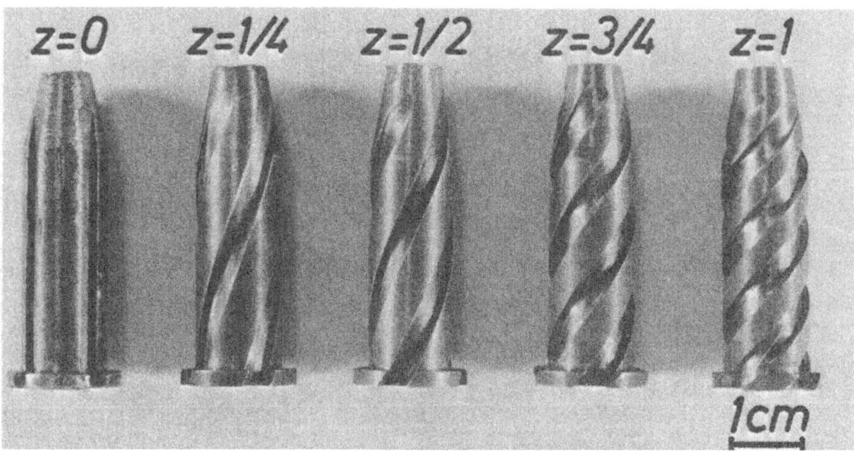

Abb. 5: Gaszuführungsstücke beim verwendeten Plasmaspritzgerät

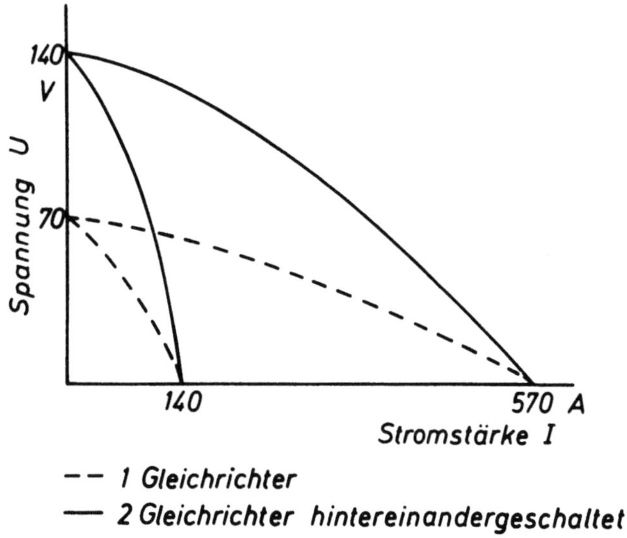

Abb. 6: Grenzkennlinien des verwendeten Zwillingsgleichrichters

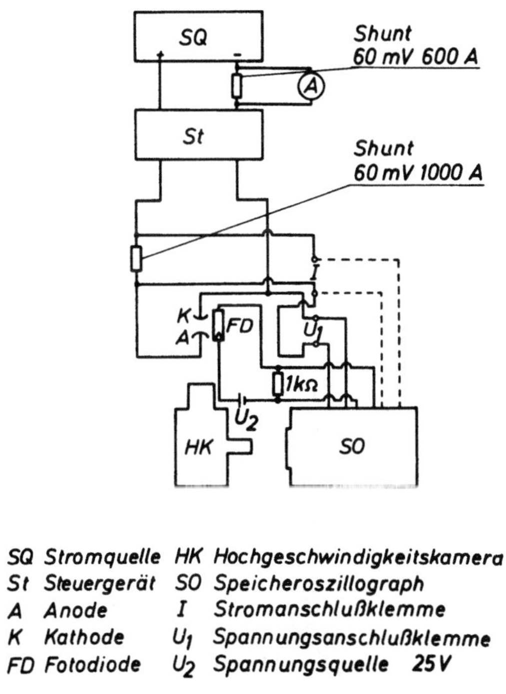

Abb. 7: Schaltschema der Versuchsanordnung zur Ermittlung der Lichtbogenbewegungen und Lichtintensitätsschwankungen

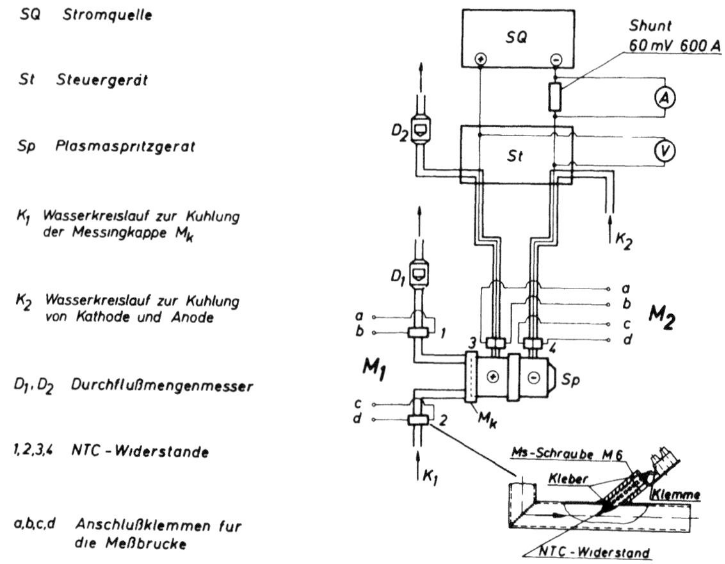

Abb. 8: Schaltschema der Versuchsanordnung zur Ermittlung der thermischen Verlustleistung und des Gerätewirkungsgrades

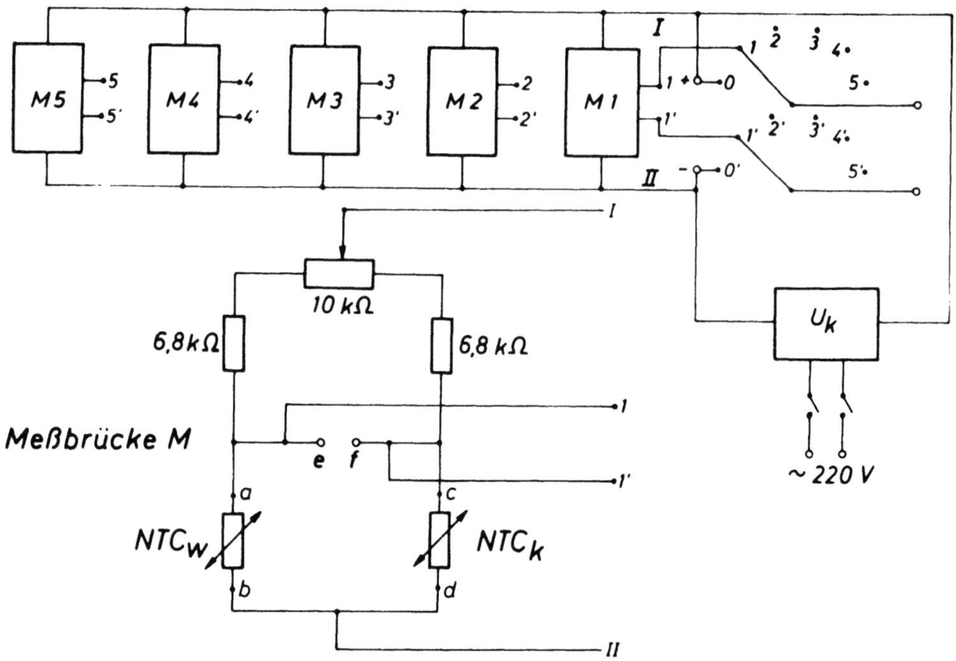

Abb. 9: Meßbrücke zur Bestimmung der Temperaturdifferenz des Kühlwassers

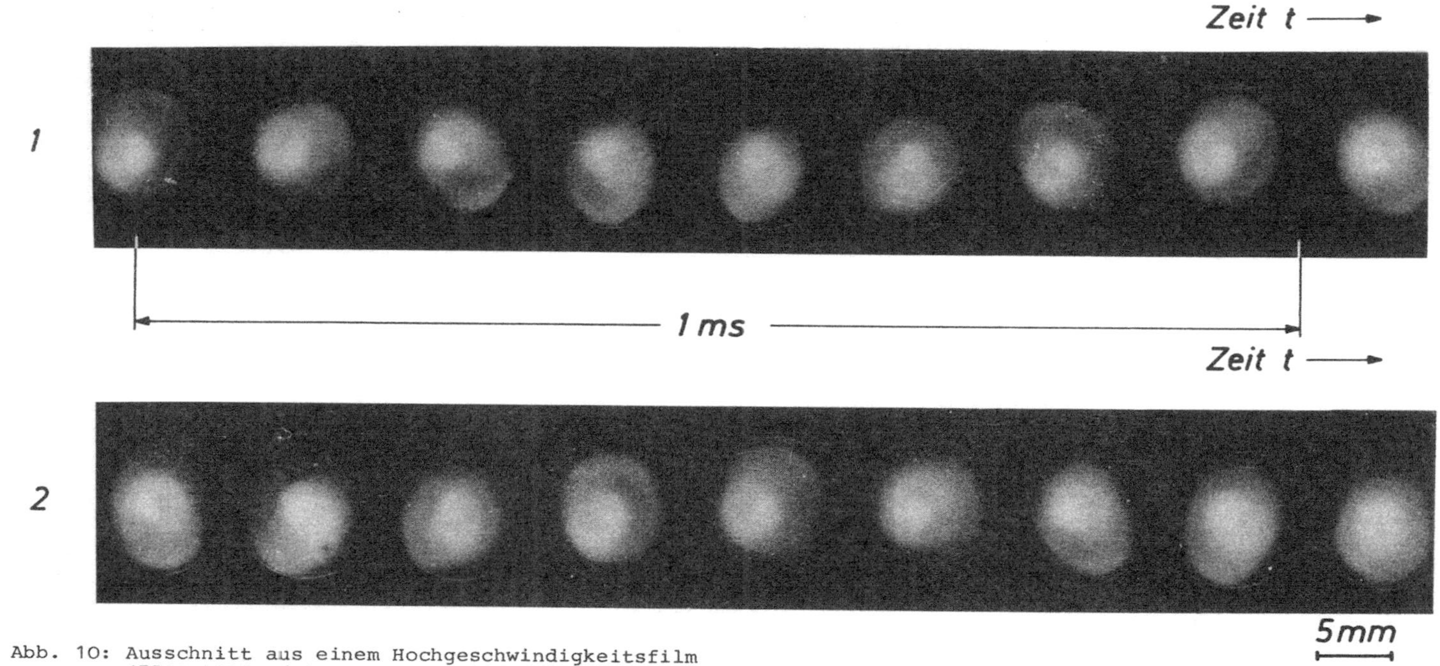

Abb. 10: Ausschnitt aus einem Hochgeschwindigkeitsfilm (7500 Bilder/s)

Konstante Daten: I = 200 A

Q_{PAr} = 20 Nl/min

B = 400 Gauß

d = 10 mm

l = 19,5 mm

a = 22 mm

z = 0

w = 1160 s^{-1}

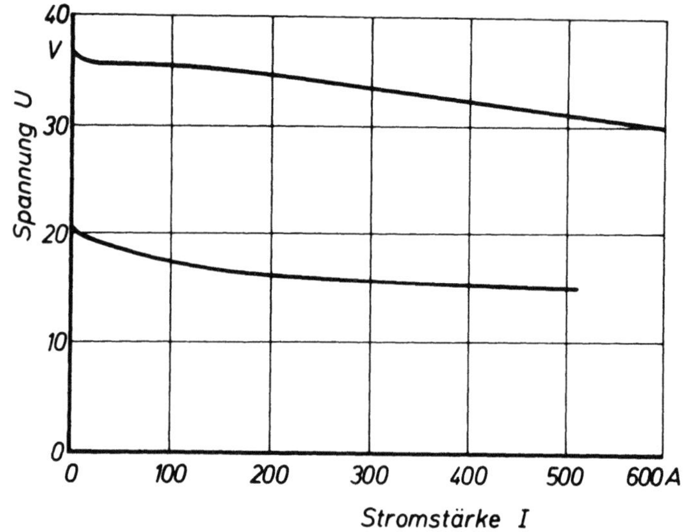

Abb. 11: Grenzkennlinien des verwendeten Umformers zur Erzeugung des Magnetfeldes

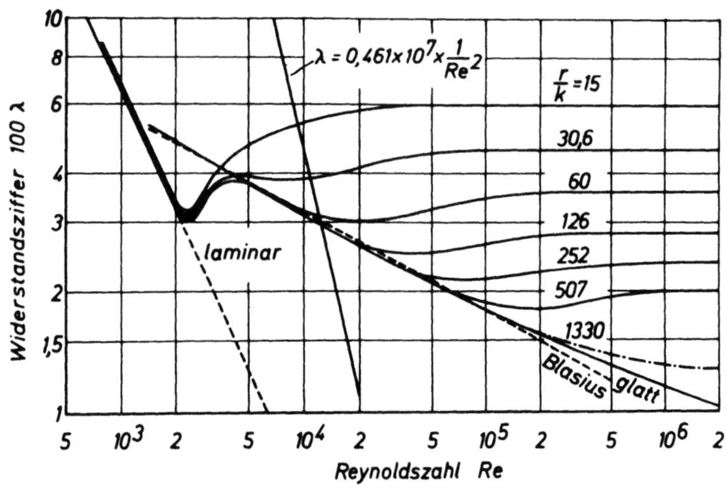

Abb. 12: Widerstandsziffer λ von rauhen Rohren in Abhängigkeit von der Reynolds-Zahl Re [12]; zusätzlich eingetragen ist Gl. (8)

Abb. 13: Plasmaspritzgerät mit wassergekühlter Spule für die magnetische Ablenkung des nichtübertragenen Lichtbogens

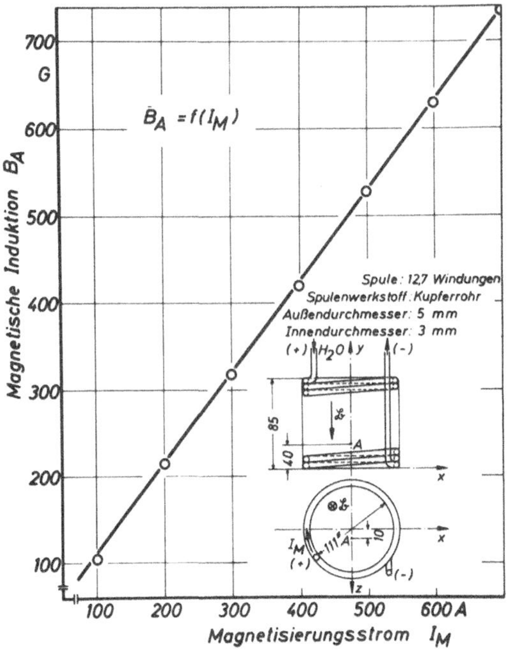

Abb. 14: Magnetische Induktion B_A in Abhängigkeit vom Magnetisierungsstrom I_M; bei A liegt die Kathodenspitze des Spritzgerätes

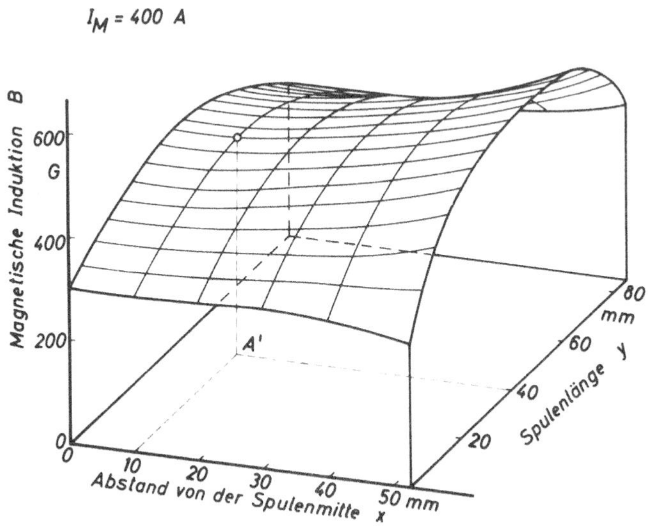

Abb. 15: Räumliche Darstellung der magnetischen Induktion B innerhalb des verwendeten Spulenkörpers; bei A' liegt die Kathodenspitze des Spritzgerätes

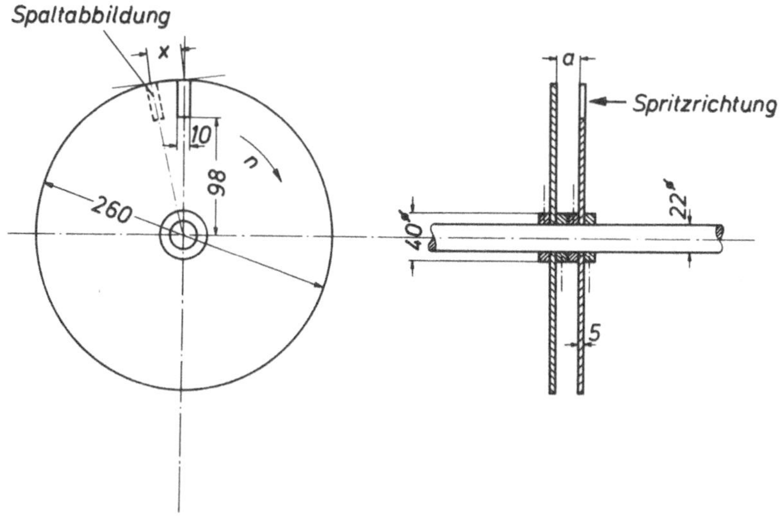

Abb. 16: Anordnung zur Ermittlung der mittleren Spritzteilchengeschwindigkeit

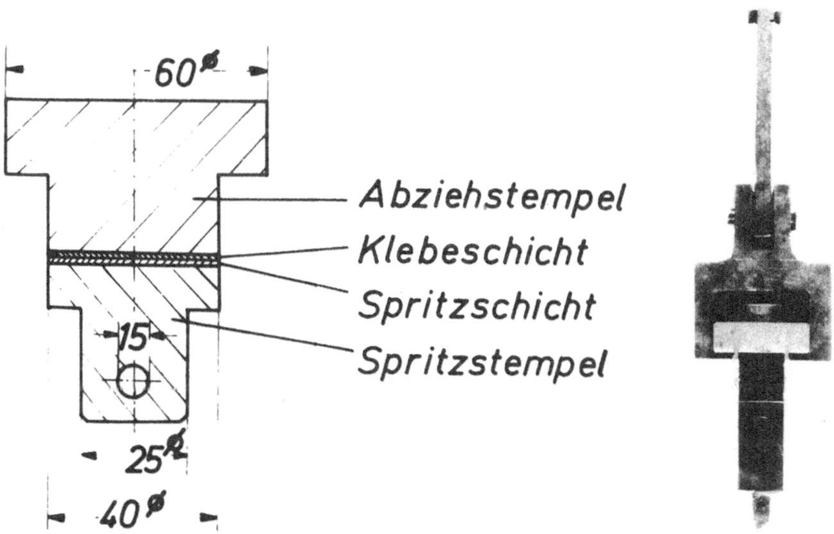

Abb. 17: Probenform und Abzihevorrichtung zum Stirnzugversuch nach DIN 50160

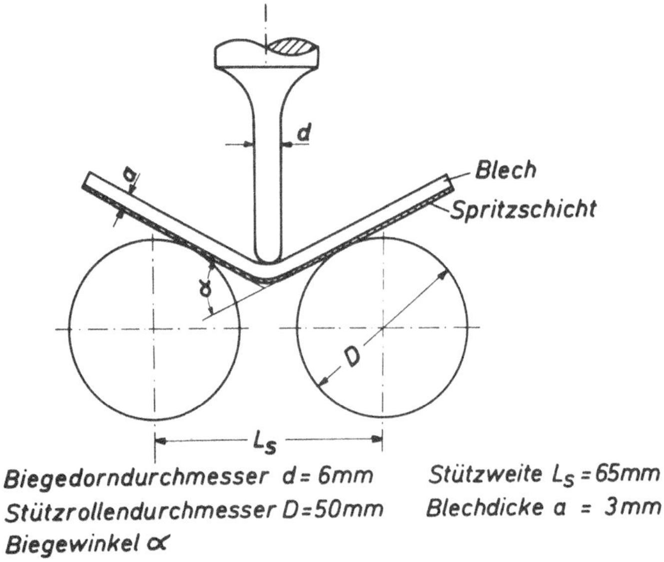

Abb. 18: Biegevorrichtung zur Ermittlung des maximalen Biegewinkels nach DIN 50121

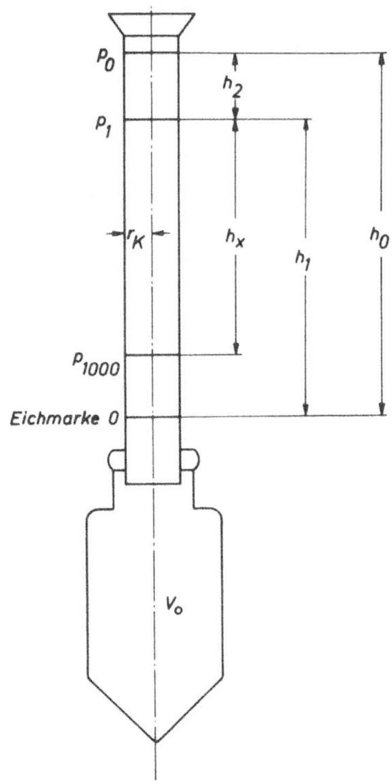

Abb. 19: Dilatometer des verwendeten Porosimeters

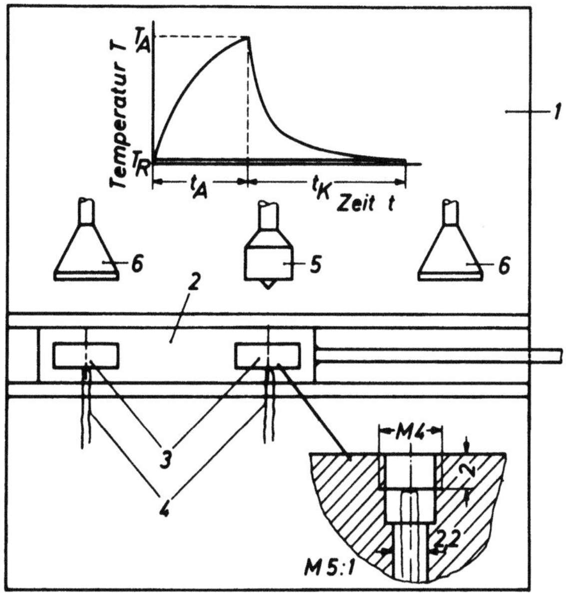

1 *Tisch*
2 *Schlitten*
3 *Temperaturwechselproben*
ø=40mm, 15mm dick
4 *Thermoelemente*
5 *Gasbrenner*
6 *Druckluftbrausen*

Abb. 20: Anordnung zur Bestimmung der Temperaturwechselbeständigkeit von Spritzschichten

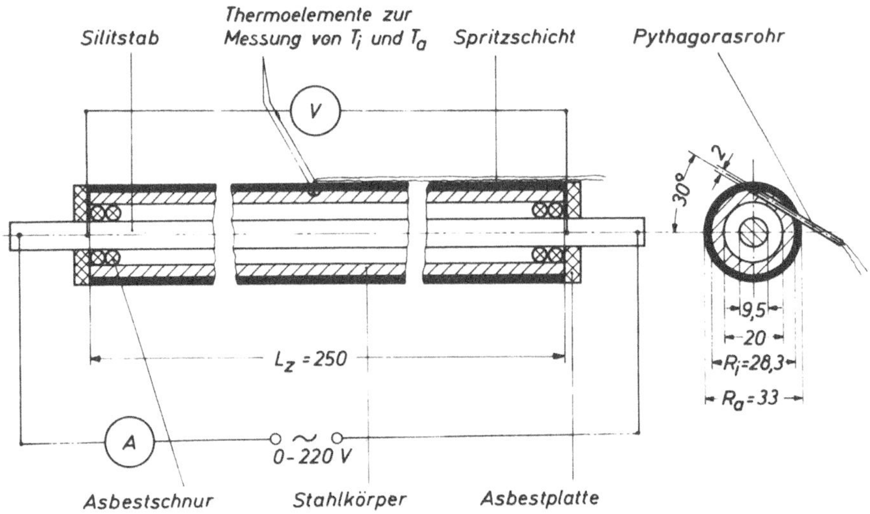

Abb. 21: Anordnung zur Bestimmung der Wärmeleitfähigkeit von oxidkeramischen Spritzschichten

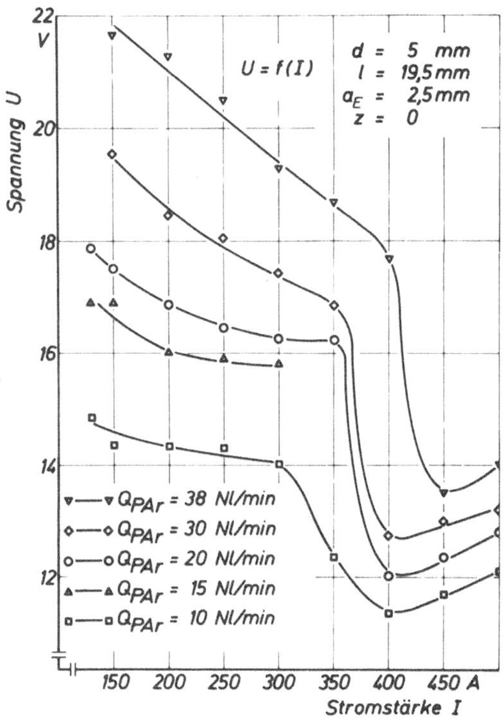

Abb. 22: Lichtbogenspannung U in Abhängigkeit von der Stromstärke I bei der Verwendung von Argon als Plasmagas

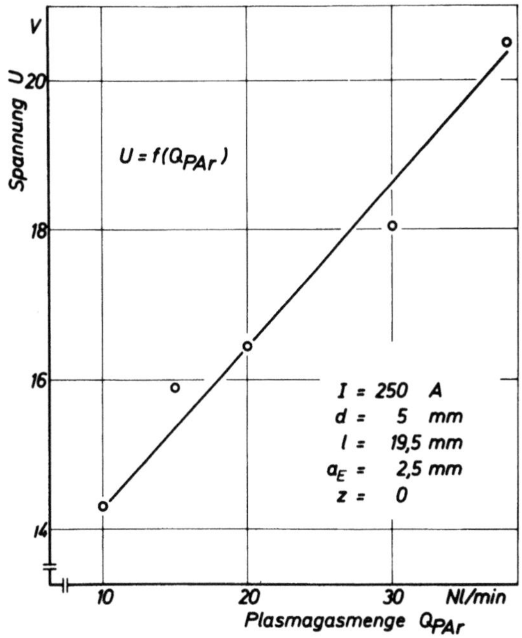

Abb. 23: Lichtbogenspannung U in Abhängigkeit von der Argon-Plasmagasmenge Q_{PAr}

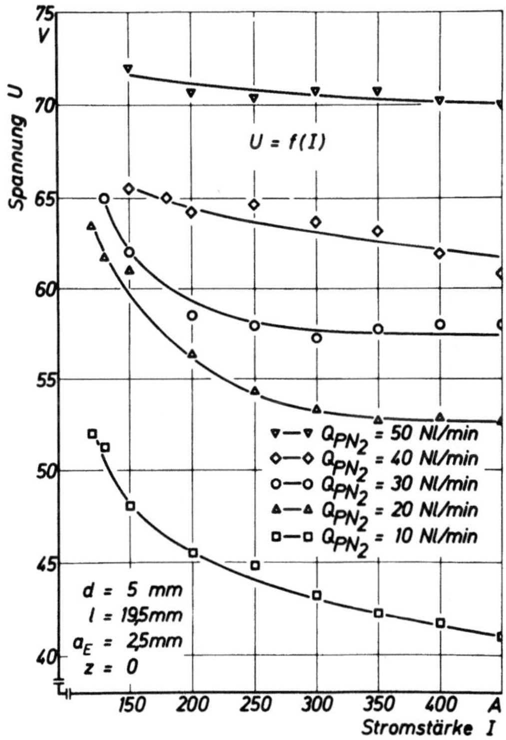

Abb. 24: Lichtbogenspannung U in Abhängigkeit von der Stromstärke I bei der Verwendung von Stickstoff als Plasmagas

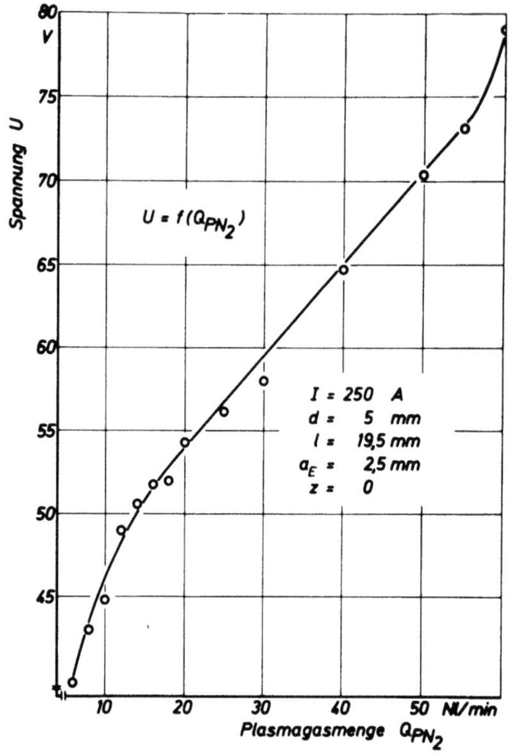

Abb. 25: Lichtbogenspannung U in Abhängigkeit von der Stickstoff-Plasmagasmenge Q_{PN_2}

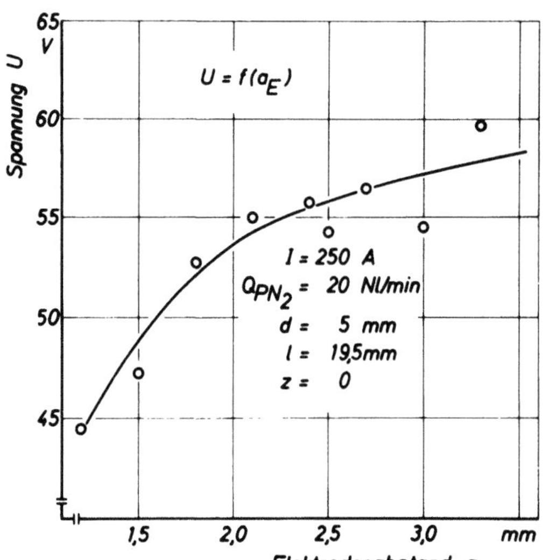

Abb. 26: Lichtbogenspannung U in Abhängigkeit vom Elektrodenabstand a_E bei der Verwendung von Stickstoff als Plasmagas

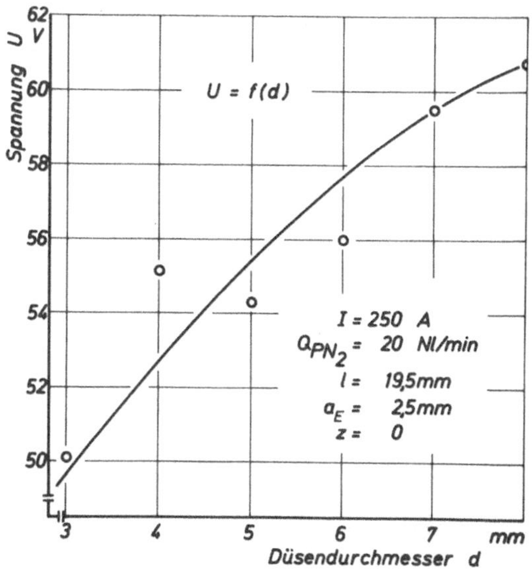

Abb. 27: Lichtbogenspannung U in Abhängigkeit vom Düsendurchmesser d bei der Verwendung von Stickstoff als Plasmagas

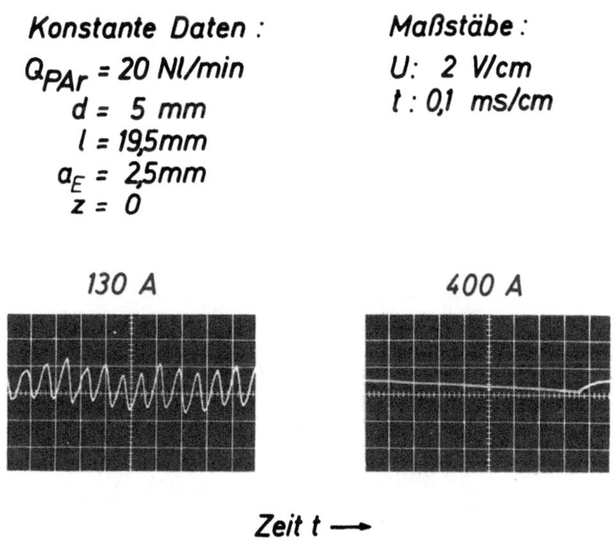

Abb. 28: Typische Spannungsoszillogramme bei der Verwendung von Argon als Plasmagas (Rasterabstand = 1 cm)

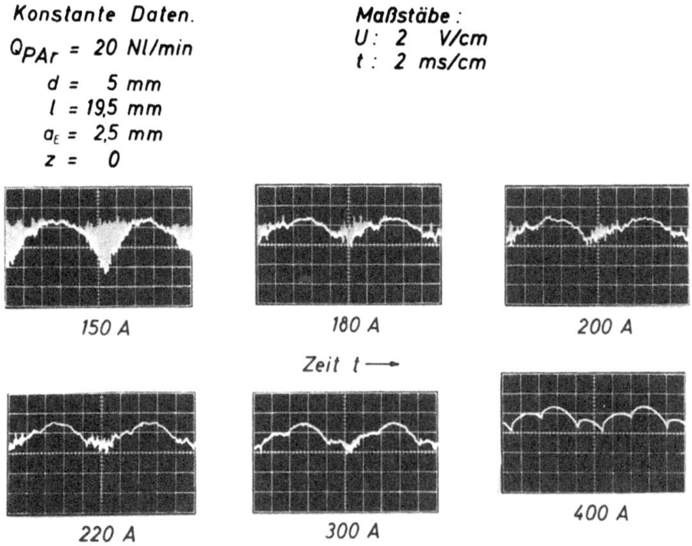

Abb. 29: Oszillogramme des Spannungsverlaufs mit quellen- und gasbedingten Wechselanteilen (Plasmagas: Argon; Rasterabstand = 1 cm)

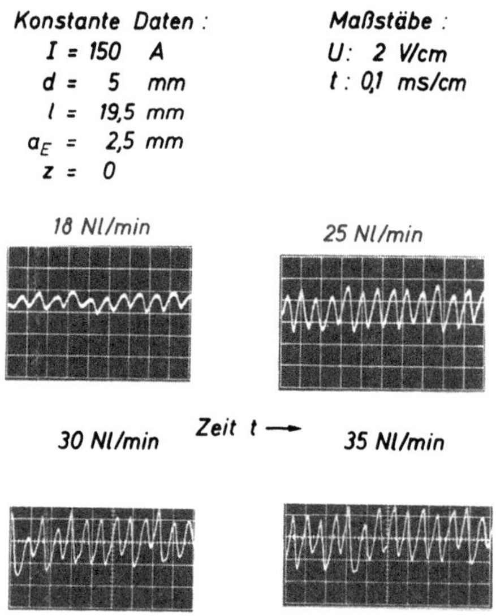

Abb. 30: Lichtbogen-Spannungsschwankungen bei der Verwendung von Argon als Plasmagas (Rasterabstand = 1 cm)

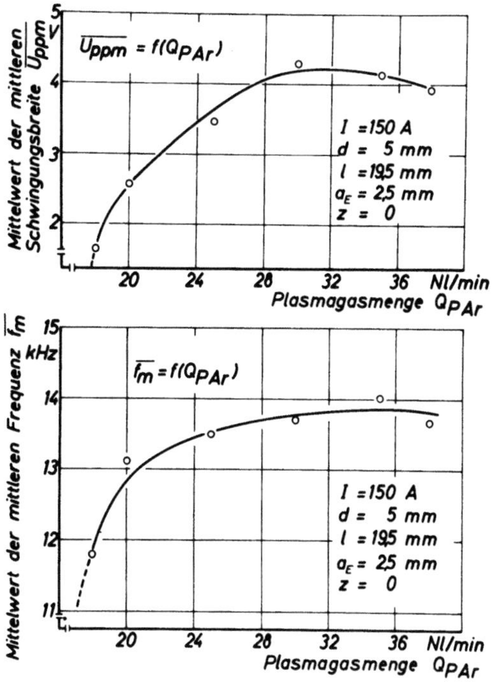

Abb. 31: Mittelwerte der mittleren Schwingungsbreite $\overline{U_{ppm}}$ und der mittleren Frequenz $\overline{f_m}$ der Spannungsschwankungen in Abhängigkeit von der Argon-Plasmagasmenge Q_{PAr}

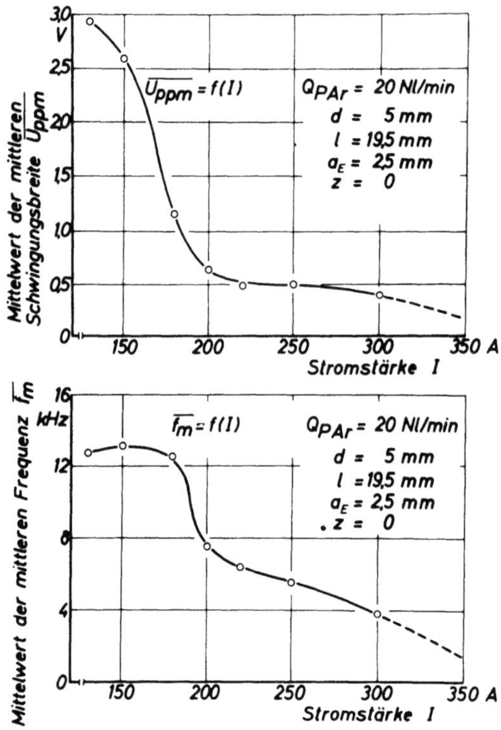

Abb. 32: Mittelwerte der mittleren Schwingungsbreite $\overline{U_{ppm}}$ und der mittleren Frequenz $\overline{f_m}$ der Spannungsschwankungen in Abhängigkeit von der Stromstärke I

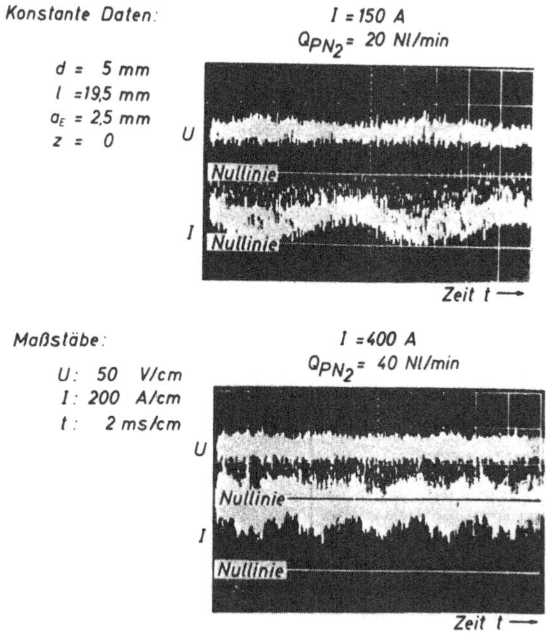

Abb. 33: Oszillogramme des Spannungs- und Stromstärkeverlaufs mit quellen- und gasbedingten Wechselanteilen (Plasmagas: Stickstoff; Rasterabstand = 1 cm)

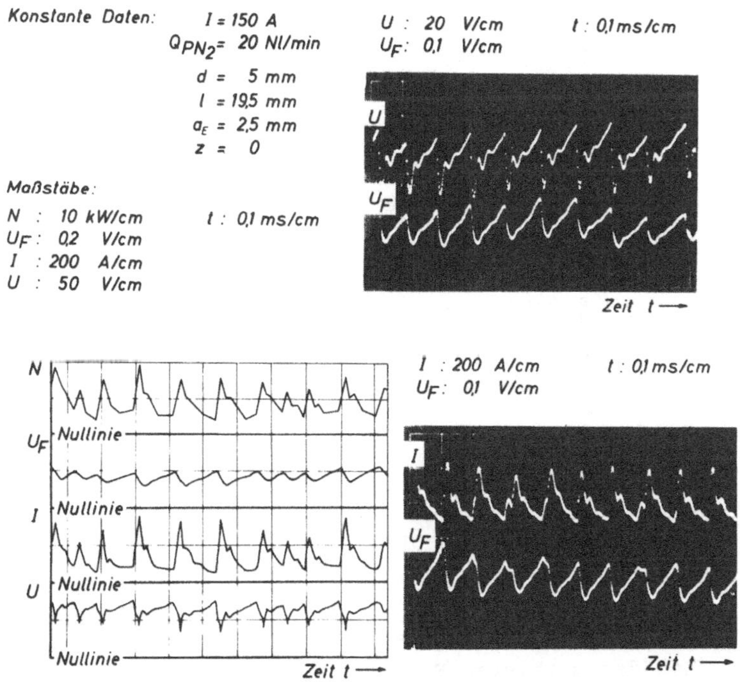

Abb. 34: Oszillogramme des Fotodiodensignals U_F, der Stromstärke I und der Lichtbogenspannung U (Rasterabstand = 1 cm)

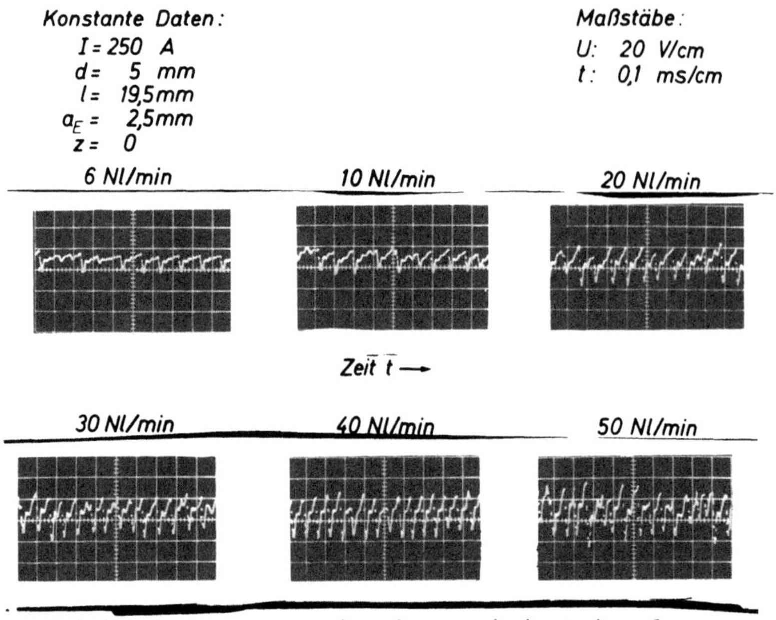

Abb. 35: Lichtbogen-Spannungsschwankungen bei steigender Stickstoff-Plasmagasmenge Q_{PN_2} (Rasterabstand = 1 cm)

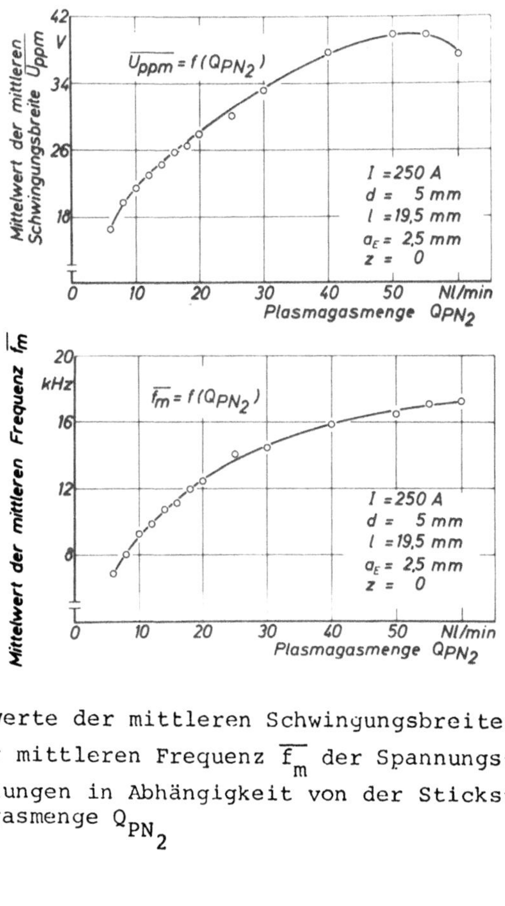

Abb. 36: Mittelwerte der mittleren Schwingungsbreite $\overline{U_{ppm}}$ und der mittleren Frequenz $\overline{f_m}$ der Spannungsschwankungen in Abhängigkeit von der Stickstoff-Plasmagasmenge Q_{PN_2}

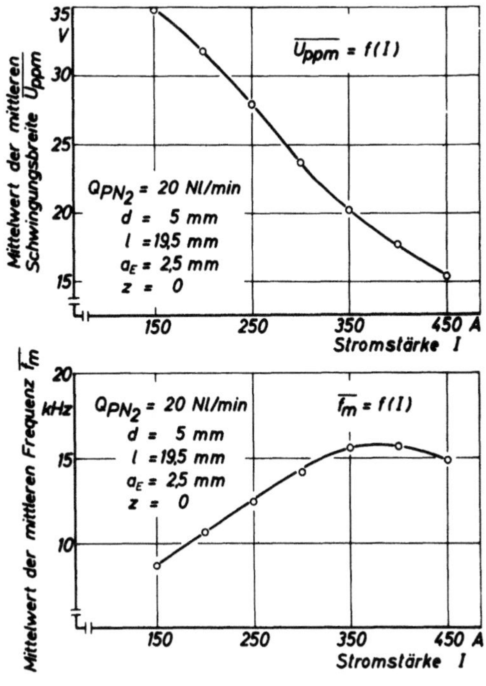

Abb. 37: Mittelwerte der mittleren Schwingungsbreite $\overline{U_{ppm}}$ und der mittleren Frequenz $\overline{f_m}$ der Spannungsschwankungen in Abhängigkeit von der Stromstärke I

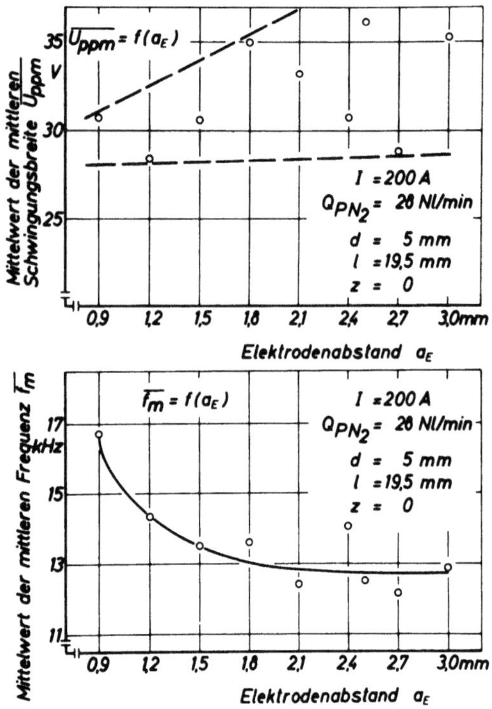

Abb. 38: Mittelwerte der mittleren Schwingungsbreite $\overline{U_{ppm}}$ und der mittleren Frequenz $\overline{f_m}$ der Spannungsschwankungen in Abhängigkeit vom Elektrodenabstand a_E

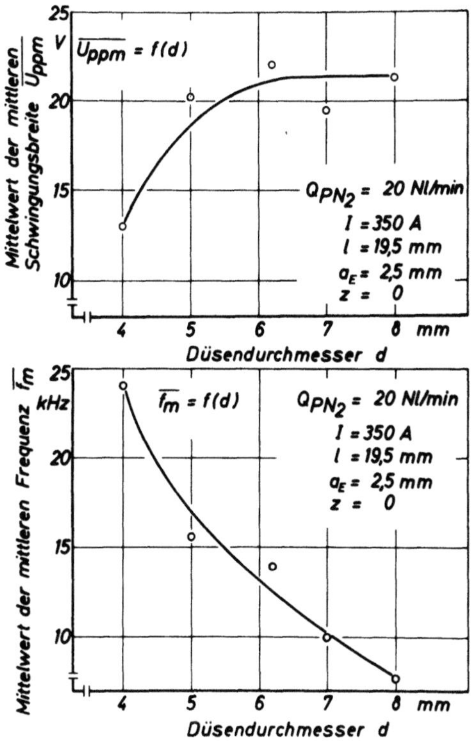

Abb. 39: Mittelwerte der mittleren Schwingungsbreite $\overline{U_{ppm}}$ und der mittleren Frequenz $\overline{f_m}$ der Spannungsschwankungen in Abhängigkeit vom Düsendurchmesser d

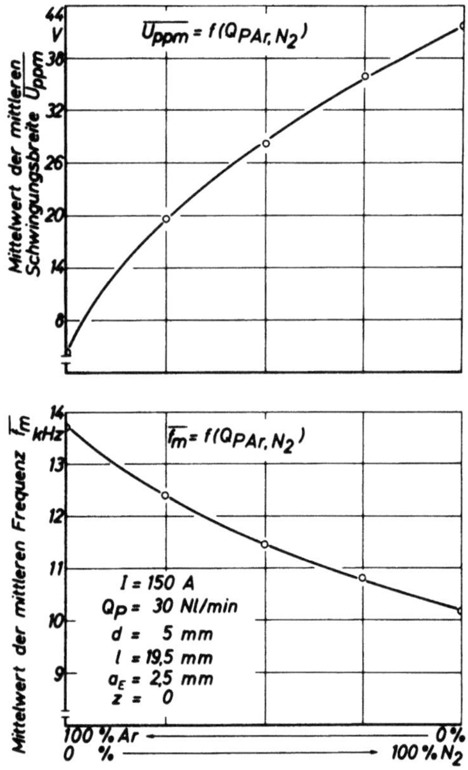

Abb. 40: Mittelwerte der mittleren Schwingungsbreite $\overline{U_{ppm}}$ und der mittleren Frequenz $\overline{f_m}$ der Spannungsschwankungen in Abhängigkeit von der Zusammensetzung des Ar,N_2-Plasmagases

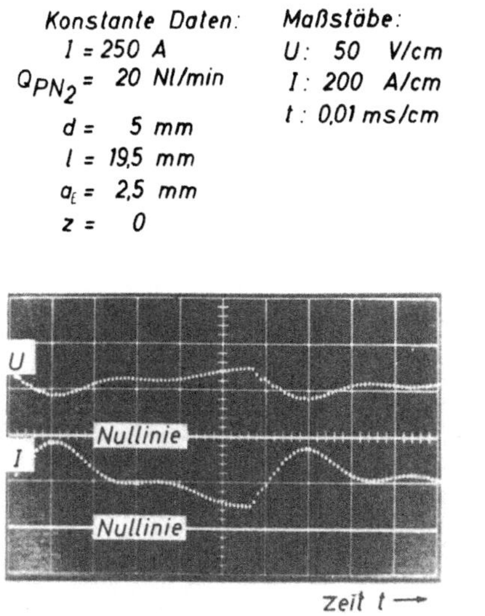

Abb. 41: Oszillogramm von Lichtbogenspannung U und Stromstärke I (Rasterabstand = 1 cm)

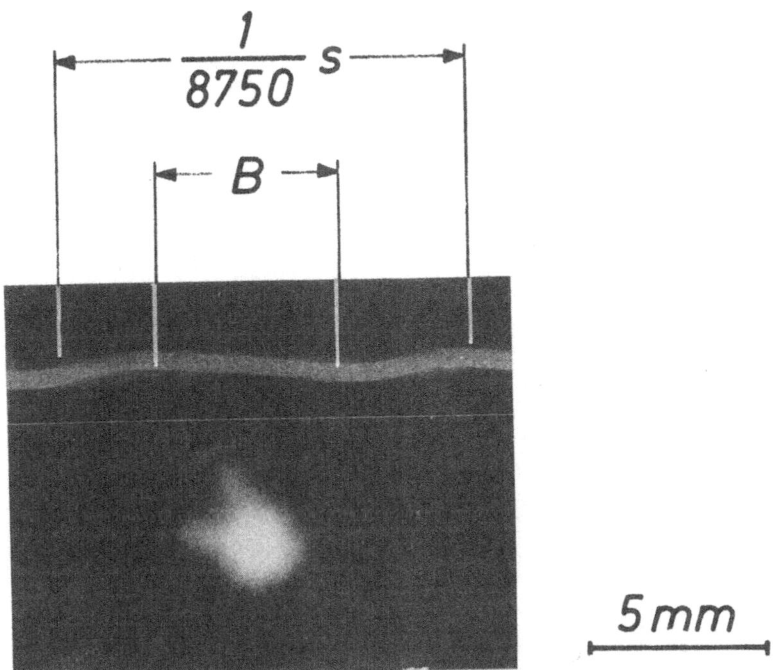

Abb. 42: Einzelbild aus einem Hochgeschwindigkeitsfilm (8750 Bilder/s)

(B = zum Lichtbogenbild gehörendes Spannungsoszillogramm)

Konstante Daten:

I = 130 A
d = 5 mm
a_E = 2,5 mm
Q_{PAr} = 40 Nl/min
l = 19,5 mm
z = 0

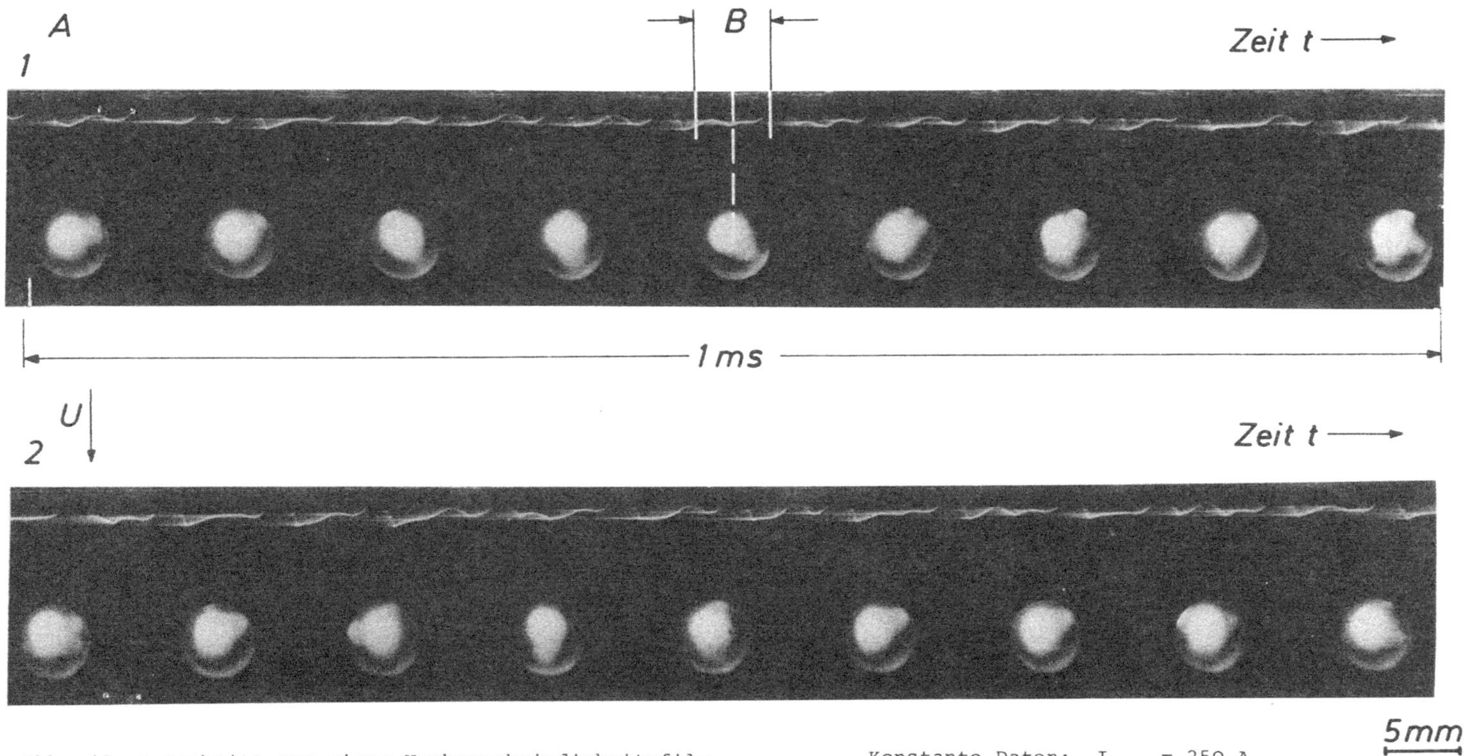

Abb. 43: Ausschnitt aus einem Hochgeschwindigkeitsfilm (8500 Bilder/s)

(B = zum Einzelbild A gehörendes Spannungsoszillogramm)

Konstante Daten:

$I = 250$ A
$Q_{PN_2} = 28$ Nl/min
$d = 5$ mm
$l = 19,5$ mm
$a_E = 2,5$ mm
$z = 0$

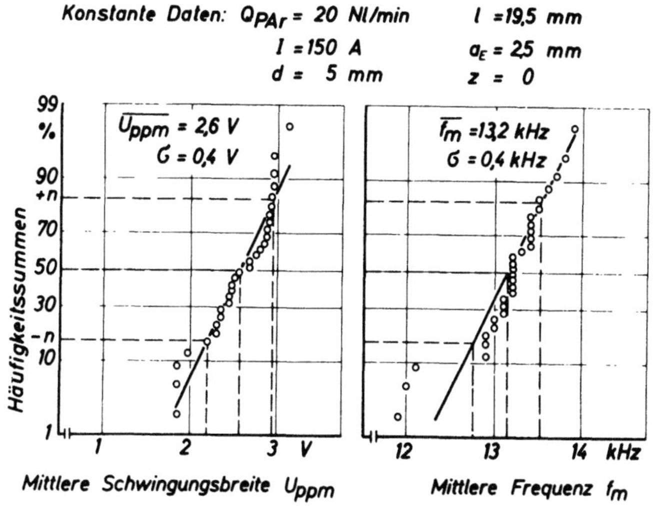

Abb. 44: Mittlere Schwingungsbreite U_{ppm} und mittlere Frequenz f_m der Spannungsschwankungen im Wahrscheinlichkeitsnetz
Plasmagas: Argon

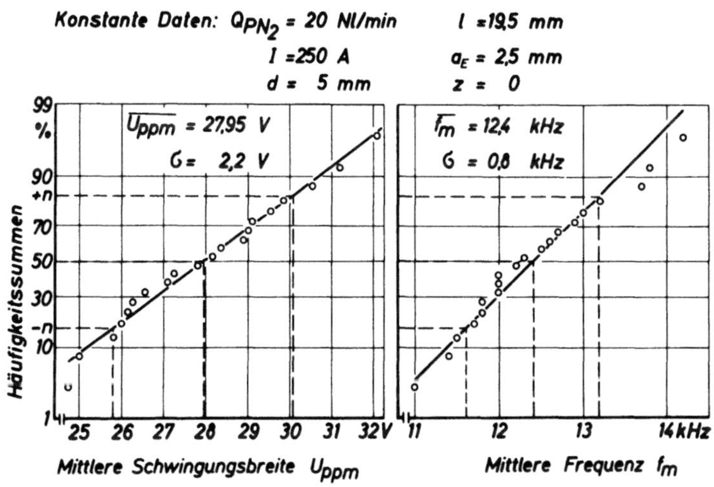

Abb. 45: Mittlere Schwingungsbreite U_{ppm} und mittlere Frequenz f_m der Spannungsschwankungen im Wahrscheinlichkeitsnetz
Plasmagas: Stickstoff

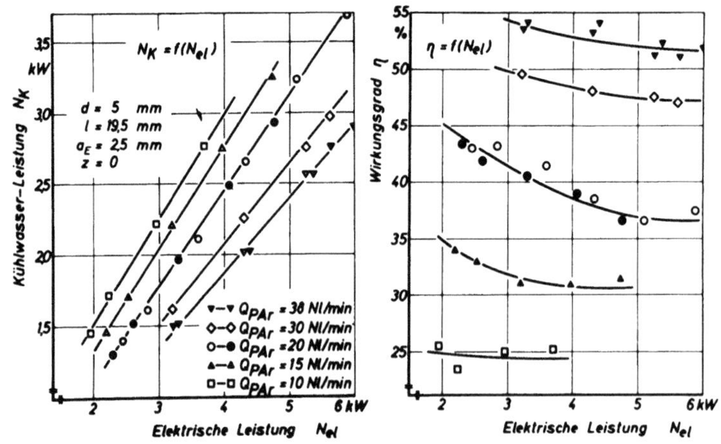

Abb. 46: Kühlwasserleistung N_K und Wirkungsgrad η in Abhängigkeit von der elektrischen Leistung N_{el} bei der Verwendung von Argon als Plasmagas

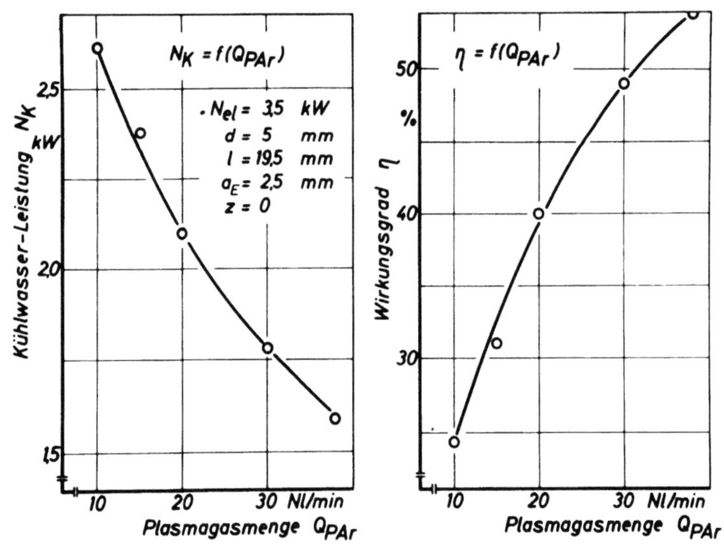

Abb. 47: Kühlwasserleistung N_K und Wirkungsgrad η in Abhängigkeit von der Plasmagasmenge Q_{PAr}

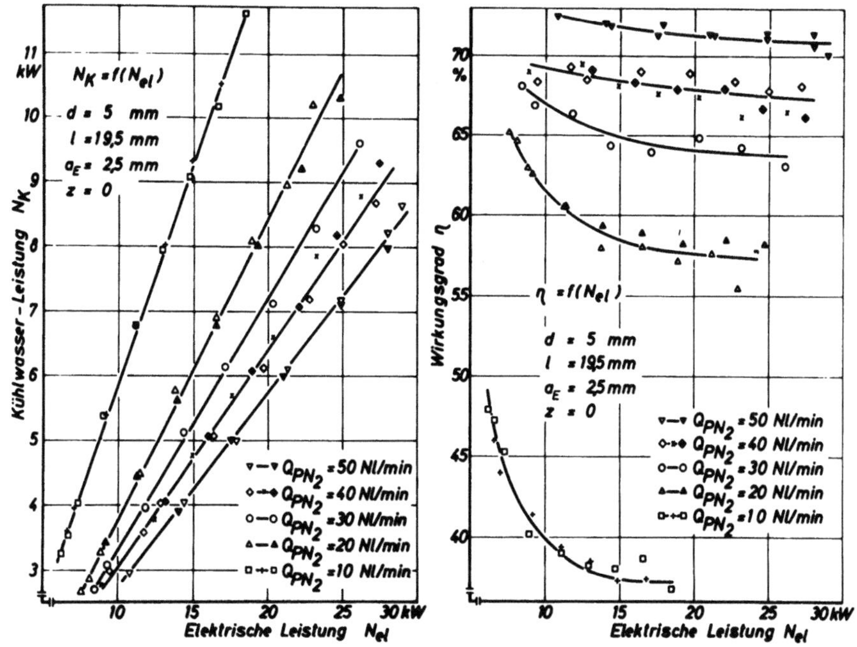

Abb. 48: Kühlwasserleistung N_K und Wirkungsgrad η in Abhängigkeit von der elektrischen Leistung N_{el} bei der Verwendung von Stickstoff als Plasmagas

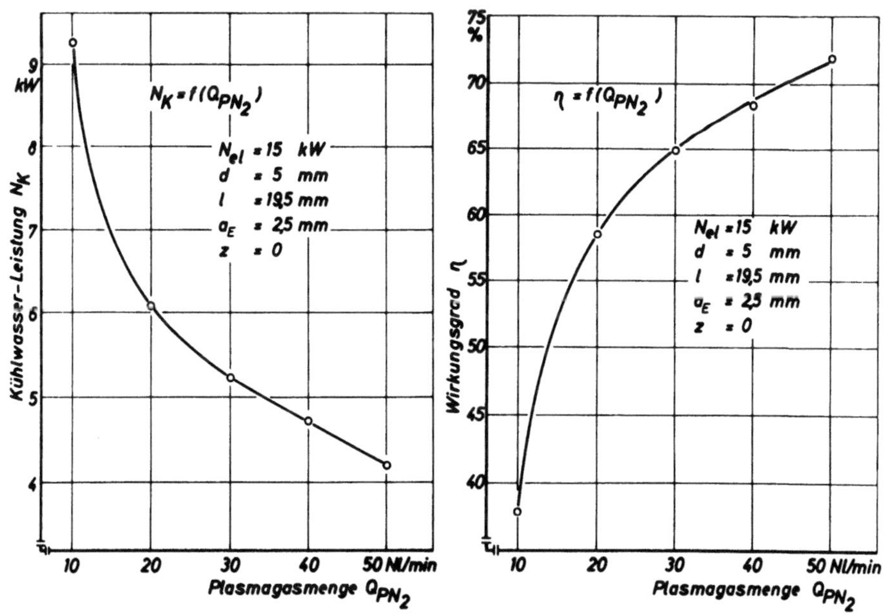

Abb. 49: Kühlwasserleistung N_K und Wirkungsgrad η in Abhängigkeit von der Plasmagasmenge Q_{PN_2}

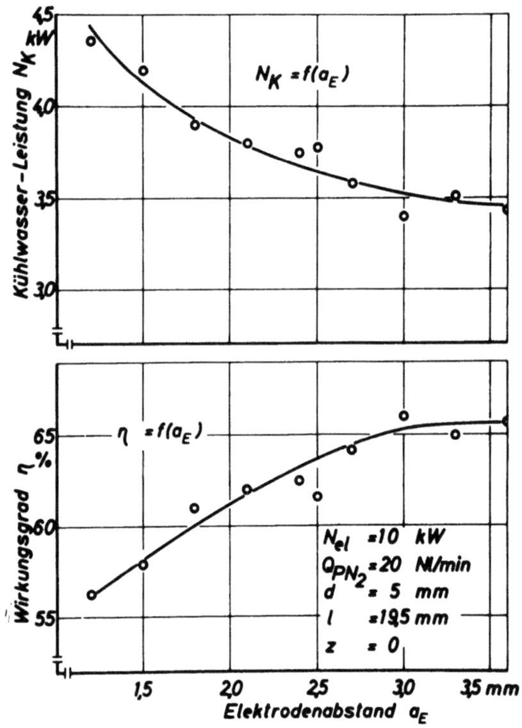

Abb. 50: Kühlwasserleistung N_K und Wirkungsgrad η in Abhängigkeit vom Elektrodenabstand a_E bei der Verwendung von Stickstoff als Plasmagas

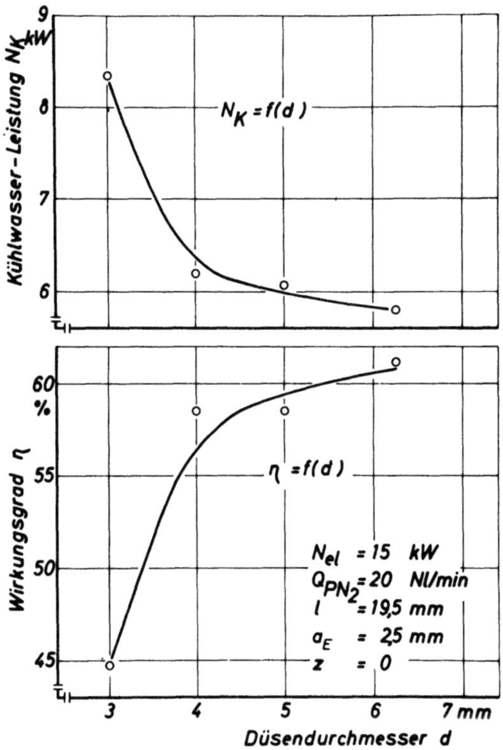

Abb. 51: Kühlwasserleistung N_K und Wirkungsgrad η in Abhängigkeit vom Düsendurchmesser d bei der Verwendung von Stickstoff als Plasmagas

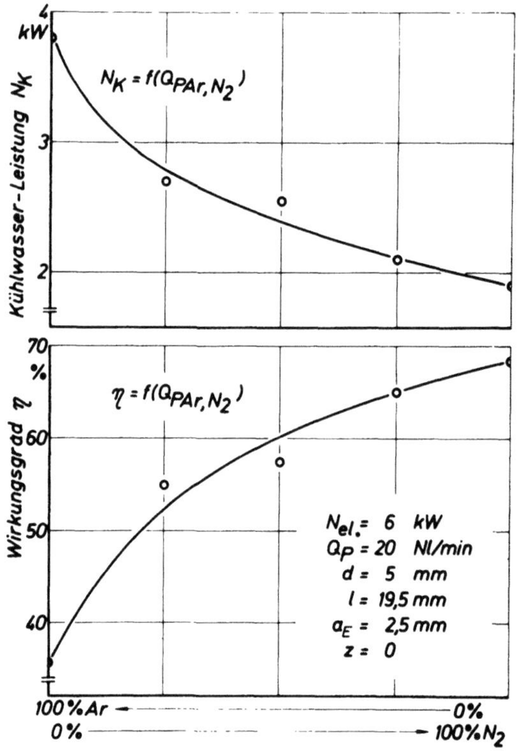

Abb. 52: Kühlwasserleistung N_K und Wirkungsgrad η in Abhängigkeit von der Zusammensetzung des Ar,N_2-Plasmagases

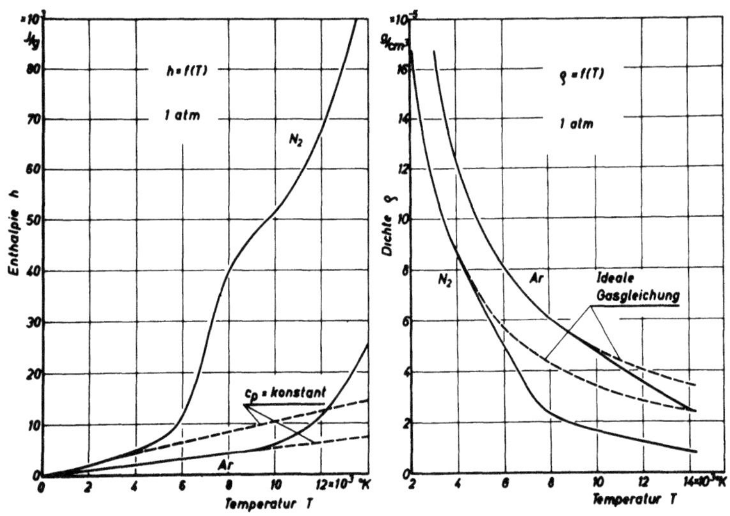

Abb. 53: Enthalpie h und Dichte ρ von Argon und Stickstoff als Funktionen der Temperatur [1; 3]

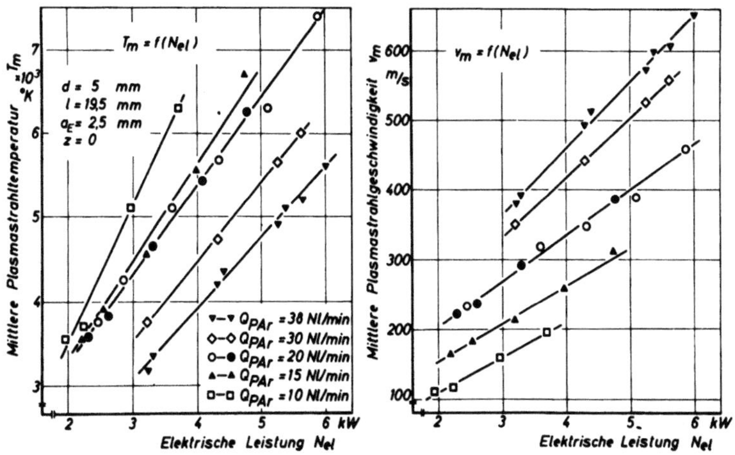

Abb. 54: Mittlere Plasmastrahltemperatur T_m und mittlere Plasmastrahlgeschwindigkeit v_m in Abhängigkeit von der elektrischen Leistung N_{el} bei der Verwendung von Argon als Plasmagas

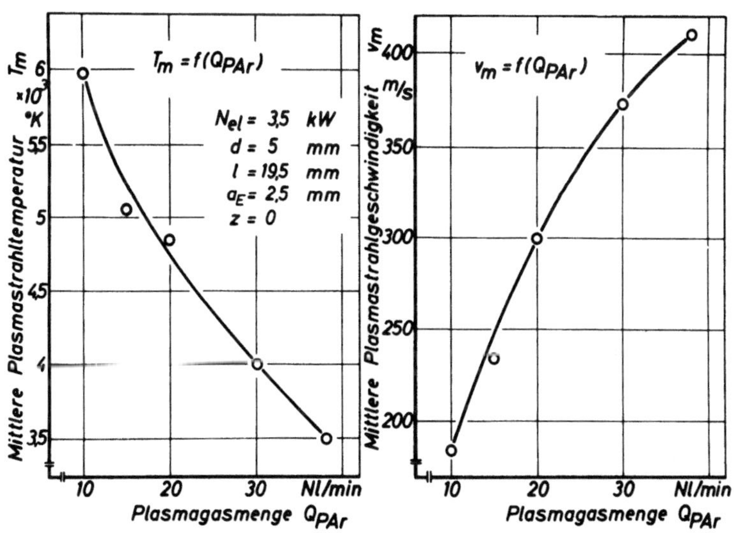

Abb. 55: Mittlere Plasmastrahltemperatur T_m und mittlere Plasmastrahlgeschwindigkeit v_m in Abhängigkeit von der Plasmagasmenge Q_{PAr}

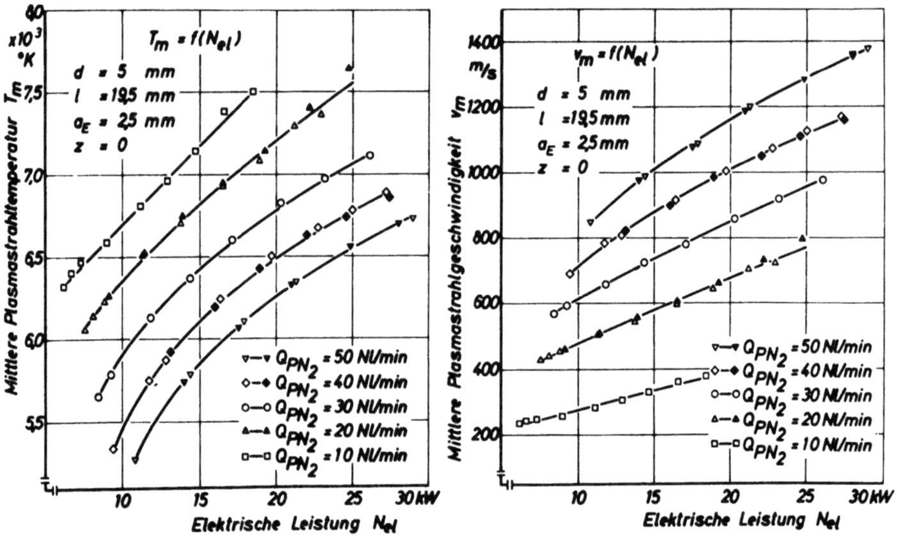

Abb. 56: Mittlere Plasmastrahltemperatur T_m und mittlere Plasmastrahlgeschwindigkeit v_m in Abhängigkeit von der elektrischen Leistung N_{el} bei der Verwendung von Stickstoff als Plasmagas

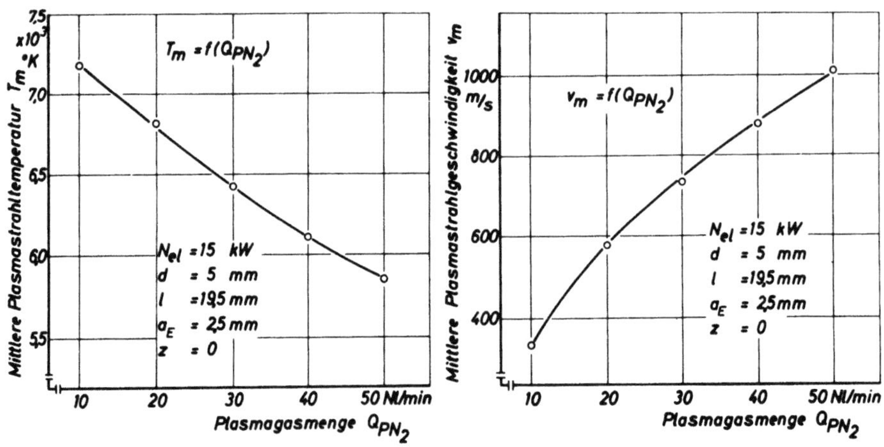

Abb. 57: Mittlere Plasmastrahltemperatur T_m und mittlere Plasmastrahlgeschwindigkeit v_m in Abhängigkeit von der Plasmagasmenge Q_{PN_2}

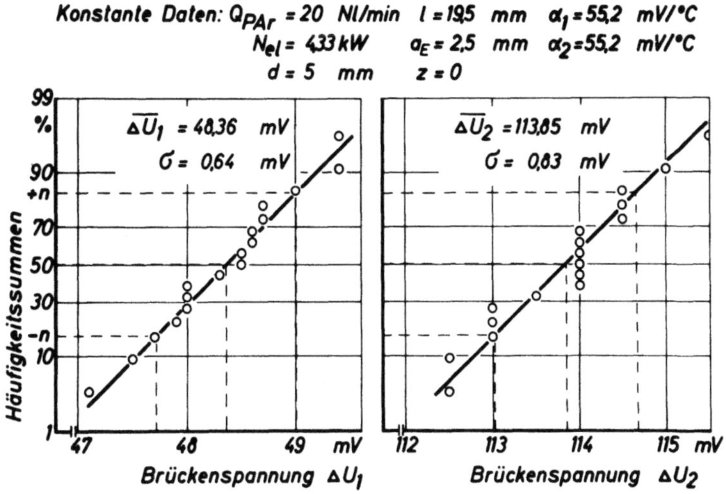

Abb. 58: Brückenspannungen ΔU_1 und ΔU_2 im Wahrscheinlichkeitsnetz bei der Verwendung von Argon als Plasmagas

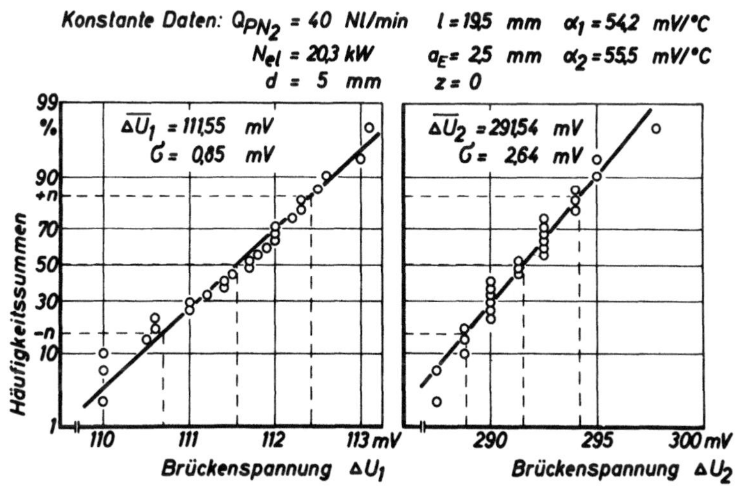

Abb. 59: Brückenspannungen ΔU_1 und ΔU_2 im Wahrscheinlichkeitsnetz bei der Verwendung von Stickstoff als Plasmagas

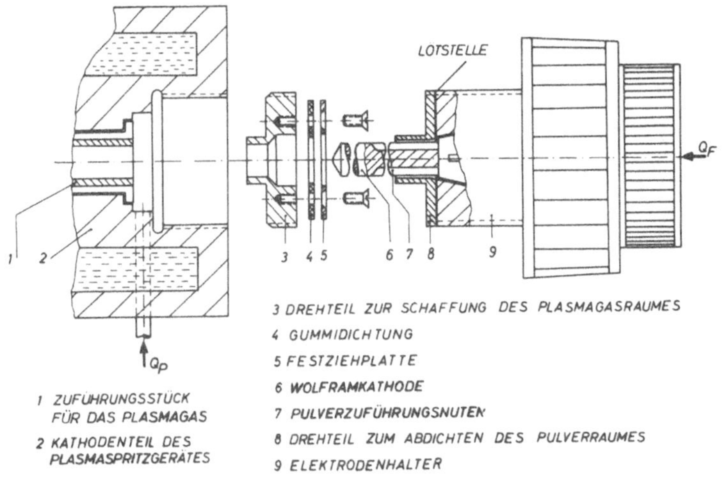

Abb. 60: Konstruktiv abgeändertes Plasmaspritzgerät mit axialer Pulverzufuhr

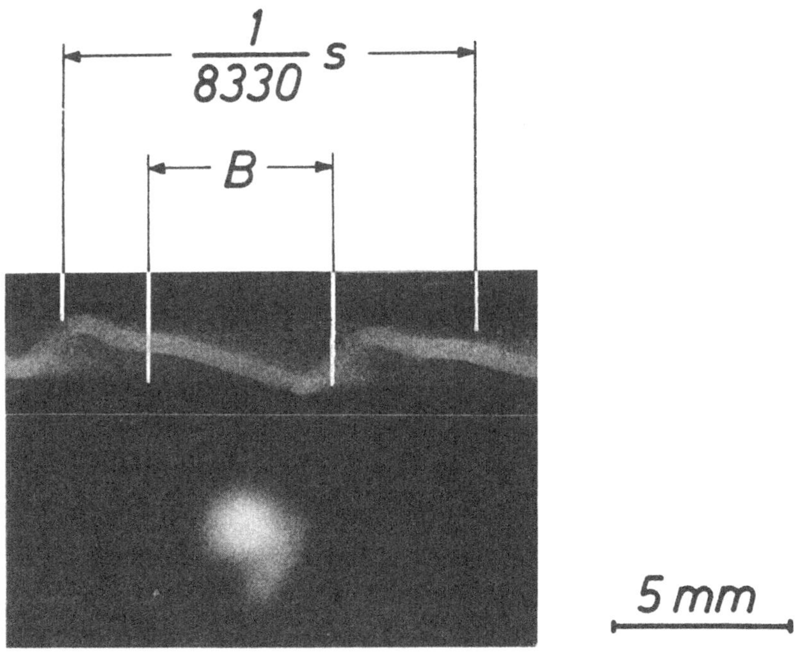

Abb. 61: Einzelbild aus einem Hochgeschwindigkeitsfilm (8330 Bilder/s)

(B = zum Lichtbogenbild gehörendes Spannungs-oszilogramm)

Konstante Daten:

$I = 130$ A	$Q_{PAr} = 40$ Nl/min
$d = 5$ mm	$l = 19{,}5$ mm
$a_E = 2{,}5$ mm	$z = 1$

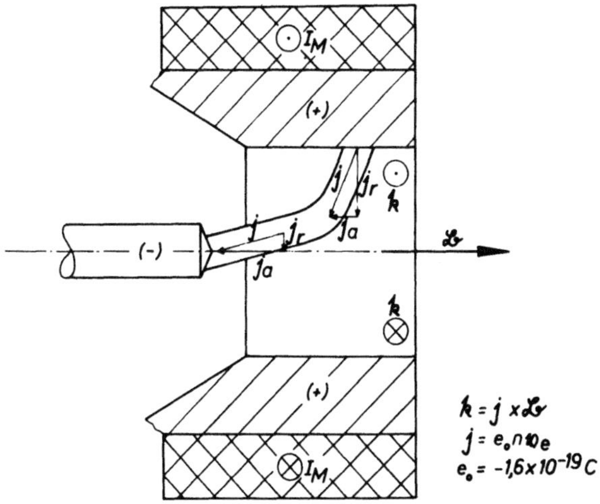

Abb. 62: Schematische Darstellung der physikalischen Zusammenhänge bei der magnetischen Ablenkung des eingeschnürten Lichtbogens innerhalb einer Hohlanode (gesteuerte Lichtbogenfußpunktbewegung)

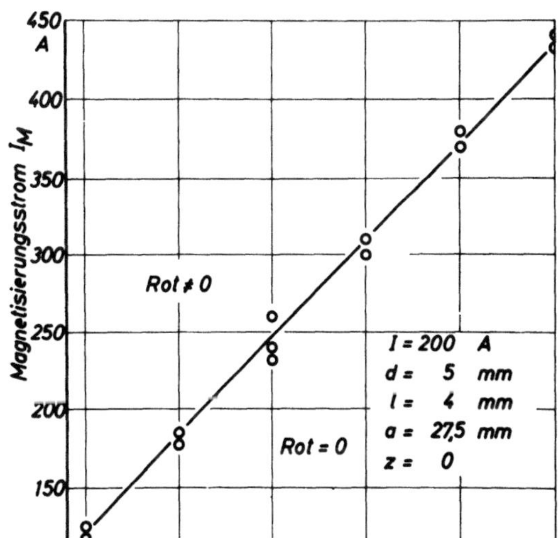

Abb. 63: Grenzlinie des Bereiches von gesteuerter (Rot $\neq$ 0) und nichtgesteuerter (Rot = 0) Lichtbogenfußpunktbewegung für die Einstellparameter Magnetisierungsstrom I_M und Plasmagasmenge Q_{PAr}

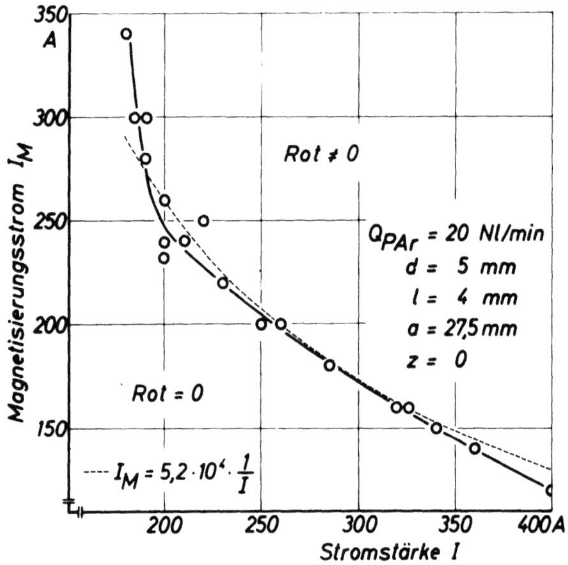

Abb. 64: Grenzlinie des Bereiches von gesteuerter (Rot ≠ 0) und nichtgesteuerter (Rot = 0) Lichtbogenfußpunktbewegung für die Einstellparameter Magnetisierungsstrom I_M und Stromstärke I

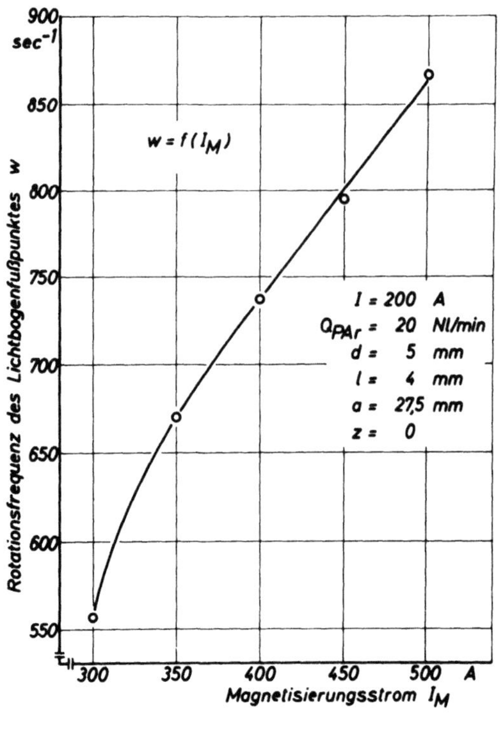

Abb. 65: Rotationsfrequenz des Lichtbogenfußpunktes w in Abhängigkeit vom Magnetisierungsstrom I_M

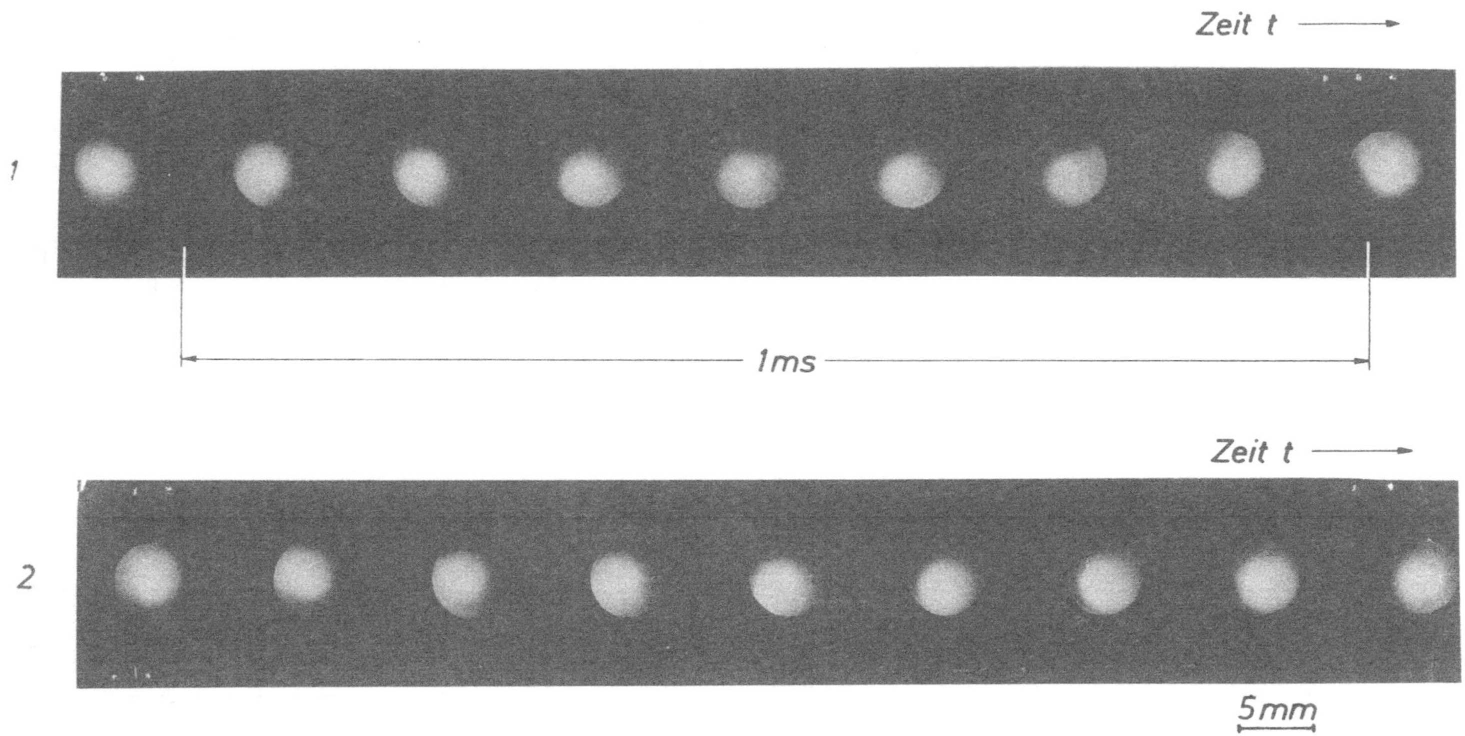

Abb. 66: Ausschnitt aus einem Hochgeschwindigkeitsfilm (7400 Bilder/s)

Konstante Daten:

$I = 200$ A	$d = 5$ mm	$a = 27{,}5$ mm
$Q_{PAr} = 20$ Nl/min	$l = 4$ mm	$z = 0$
$I_M = 400$ A $B_A = 420$ Gauß		$w = 740\ s^{-1}$

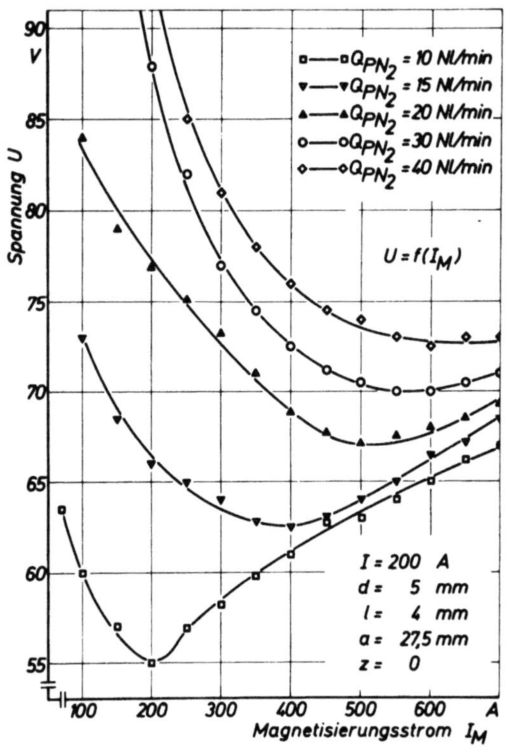

Abb. 67: Lichtbogenspannung U in Abhängigkeit vom Magnetisierungsstrom I_M bei der Verwendung von Stickstoff als Plasmagas

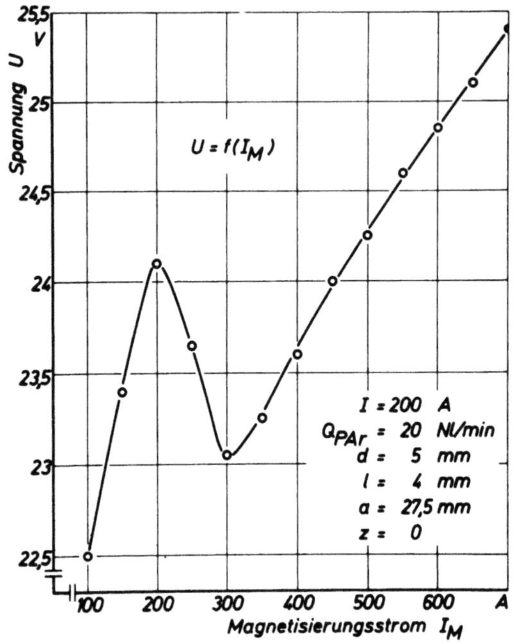

Abb. 68: Lichtbogenspannung U in Abhängigkeit vom Magnetisierungsstrom I_M bei der Verwendung von Argon als Plasmagas

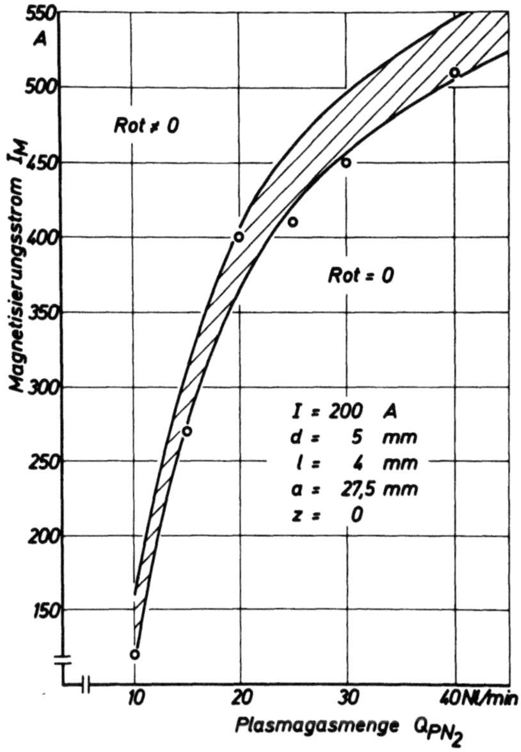

Abb. 69: Grenzbereich von gesteuerter (Rot ≠ 0) und nichtgesteuerter (Rot = 0) Lichtbogenfußpunktbewegung für die Einstellparameter Magnetisierungsstrom I_M und Plasmagasmenge Q_{PN_2}

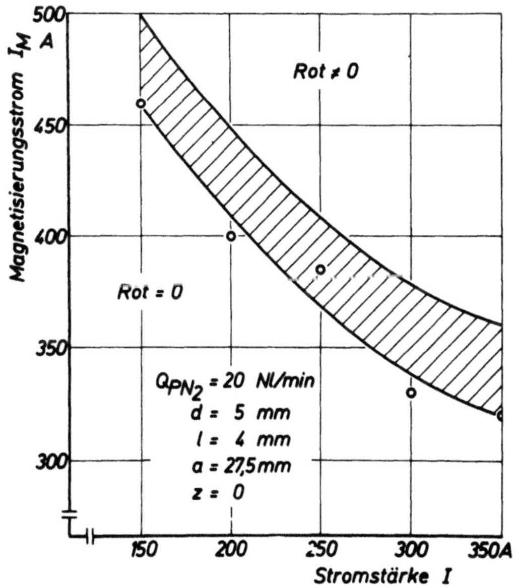

Abb. 70: Grenzbereich von gesteuerter (Rot ≠ 0) und nichtgesteuerter (Rot = 0) Lichtbogenfußpunktbewegung für die Einstellparameter Magnetisierungsstrom I_M und Stromstärke I

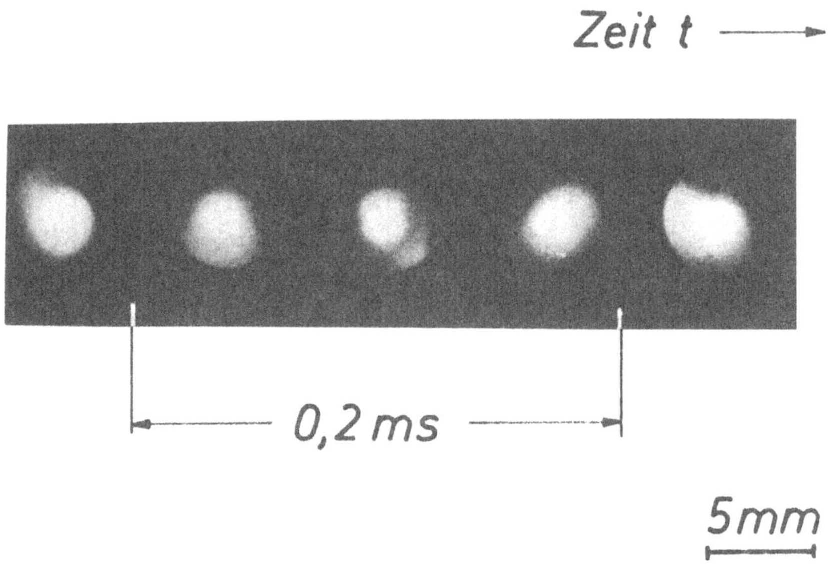

Abb. 71: Ausschnitt aus einem Hochgeschwindigkeitsfilm (14750 Bilder/s)

Konstante Daten:

$I = 200$ A		$l = 4$ mm
$Q_{PN_2} = 20$ Nl/min		$a = 27,5$ mm
$d = 5$ mm		$z = 0$
$I_M = 700$ A	$B_A = 730$ Gauß	$w = 3900\ s^{-1}$

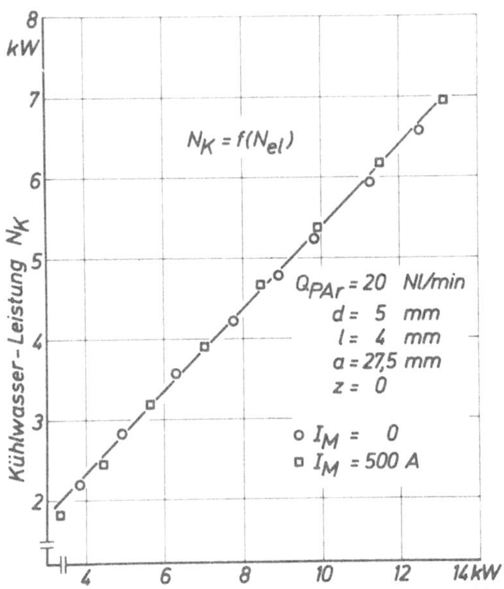

Abb. 72: Kühlwasserleistung N_K in Abhängigkeit von der elektrischen Leistung N_{el} bei eingeschaltetem und nichteingeschaltetem Magnetisierungsstrom I_M

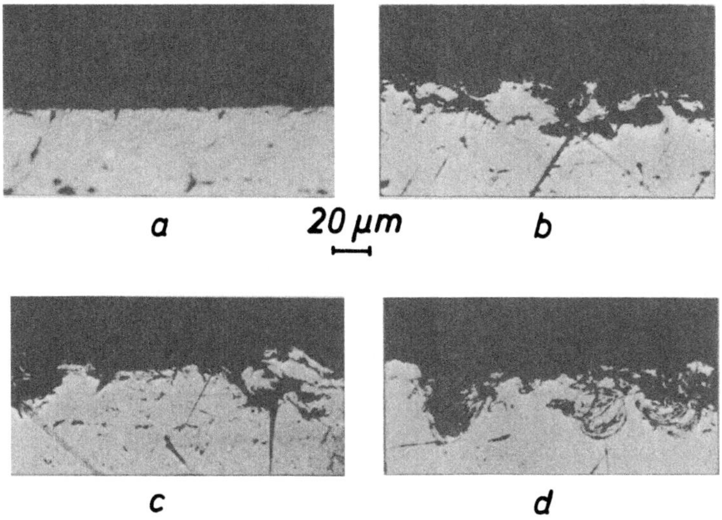

Abb. 73: Oberflächenprofile bei der Anwendung verschiedener Strahlmittel und verschiedener Strahlwinkel

a) ungestrahlte Oberfläche
b) korundgestrahlte Oberfläche (Strahlwinkel 45°)
c) hartgußkiesgestrahlte Oberfläche (Strahlwinkel 45°)
d) hartgußkiesgestrahlte Oberfläche (Strahlwinkel 90°)

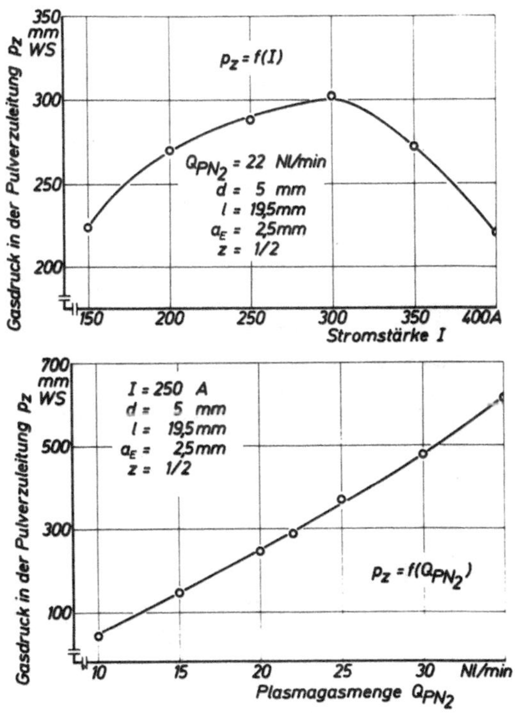

Abb. 74: Gasdruck in der Pulverzuleitung p_z in Abhängigkeit von der Stromstärke I und der Plasmagasmenge Q_{PN_2}

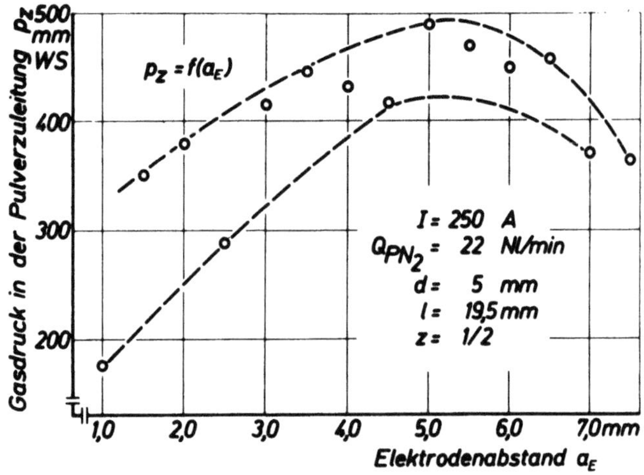

Abb. 75: Gasdruck in der Pulverzuleitung p_z in Abhängigkeit vom Elektrodenabstand a_E

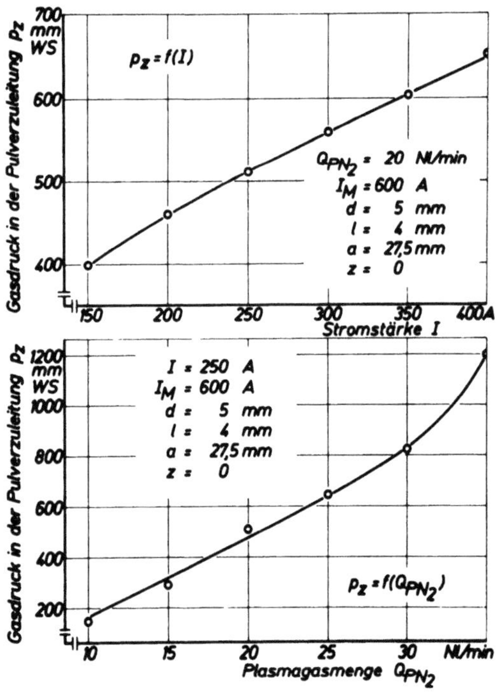

Abb. 76: Gasdruck in der Pulverzuleitung p_z in Abhängigkeit von der Stromstärke I und der Plasmagasmenge Q_{PN_2} unter Anwendung eines äußeren Magnetfeldes

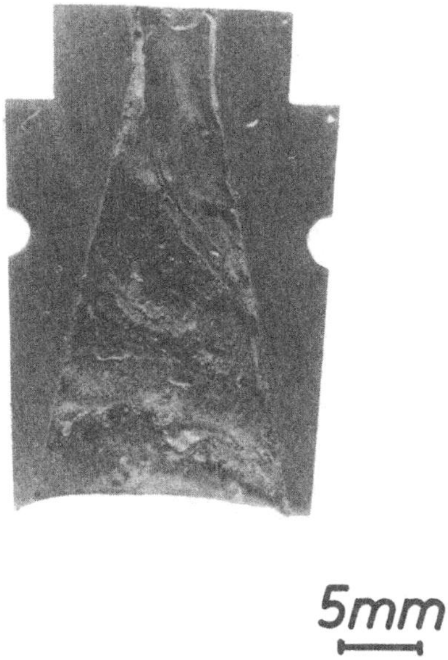

Abb. 77: Hohlanodeninnenfläche nach dem Spritzen unter Anwendung eines äußeren Magnetfeldes

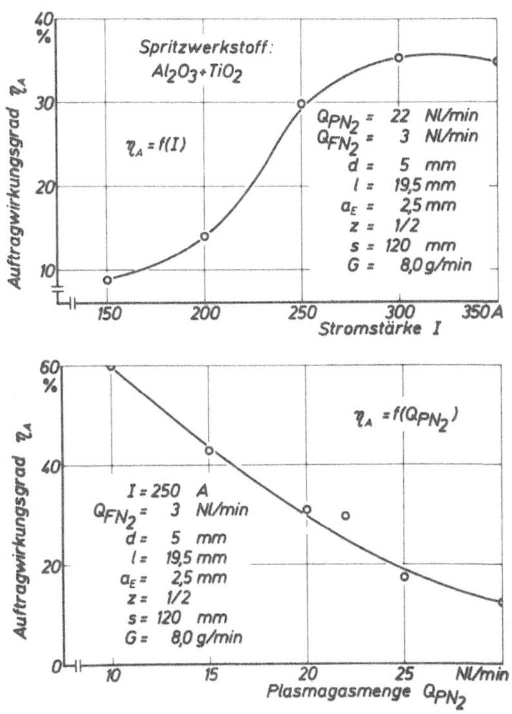

Abb. 78: Auftragwirkungsgrad η_A in Abhängigkeit von der Stromstärke I und der Plasmagasmenge Q_{PN_2} (Spritzwerkstoff: Al_2O_3 + 2,5 % TiO_2)

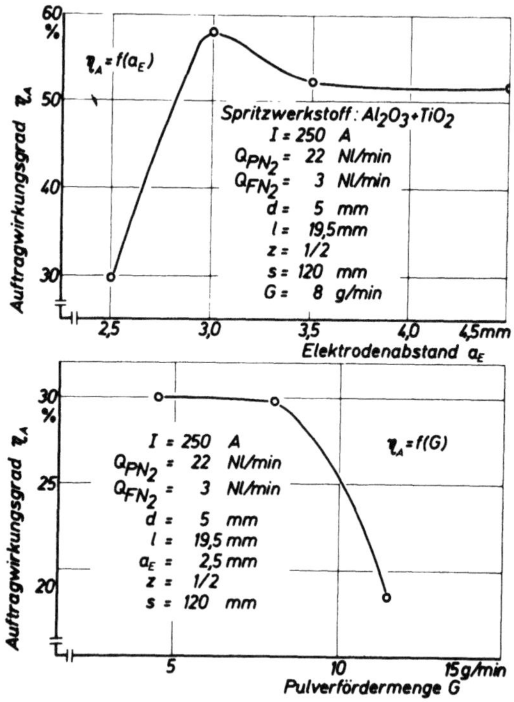

Abb. 79: Auftragwirkungsgrad η_A in Abhängigkeit vom Elektrodenabstand a_E und von der Pulverfördermenge G (Spritzwerkstoff: Al_2O_3 + 2,5 % TiO_2)

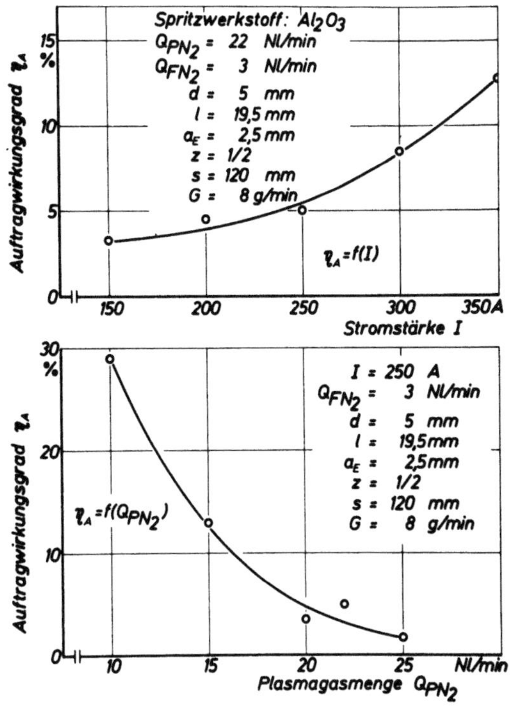

Abb. 80: Auftragwirkungsgrad η_A in Abhängigkeit von der Stromstärke I und der Plasmagasmenge Q_{PN_2} (Spritzwerkstoff: Al_2O_3)

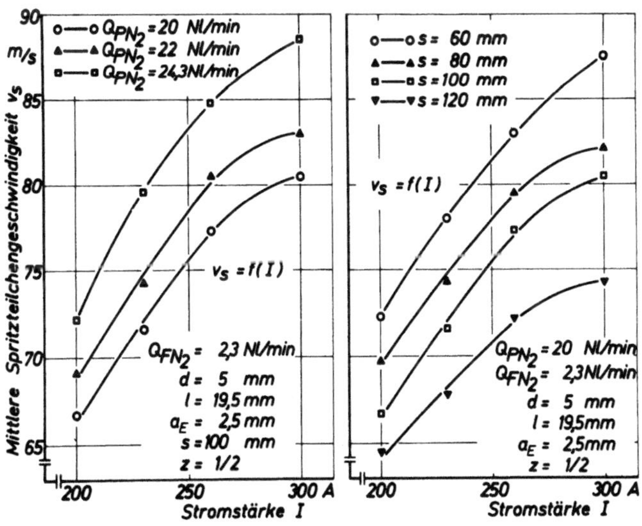

Abb. 81: Mittlere Spritzteilchengeschwindigkeit v_T in Abhängigkeit von der Stromstärke I (Spritzwerkstoff: Al_2O_3 + 2,5 % TiO_2)

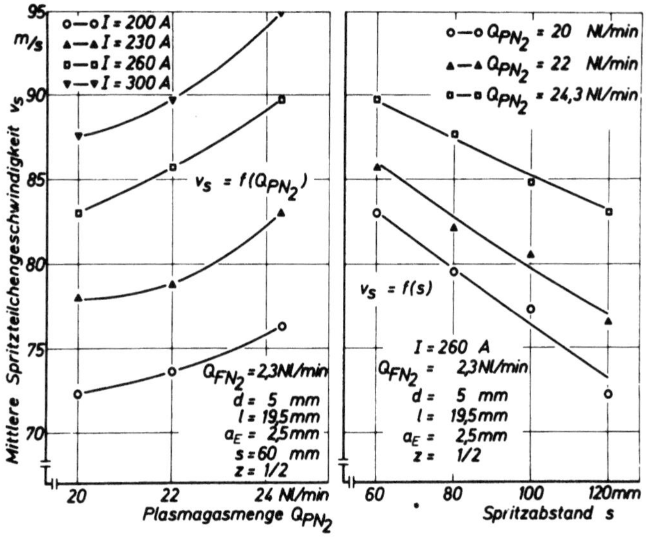

Abb. 82: Mittlere Spritzteilchengeschwindigkeit v_T in Abhängigkeit von der Plasmagasmenge Q_{PN_2} und dem Spritzabstand s
(Spritzwerkstoff: Al_2O_3 + 2,5 % TiO_2)

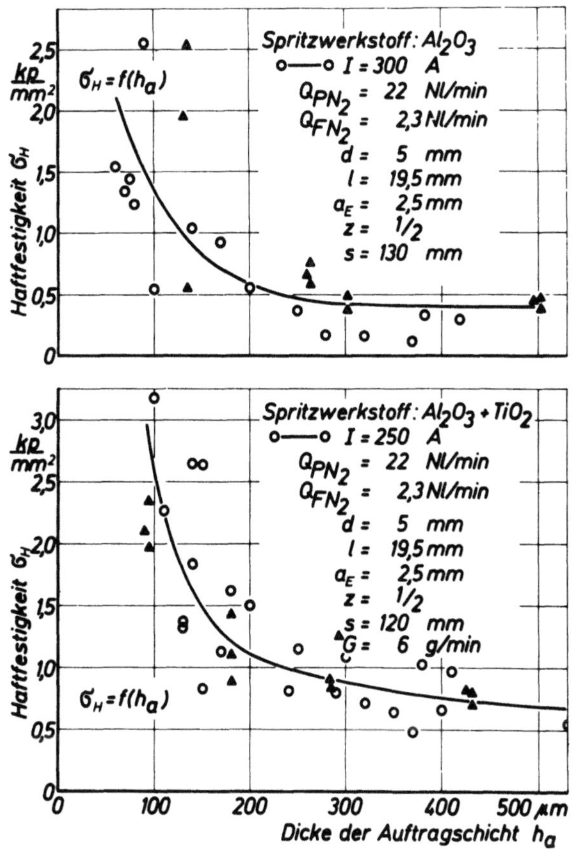

Abb. 83: Haftfestigkeit σ_H von oxidkeramischen Spritzschichten in Abhängigkeit von der Schichtdicke h_a
Spritzdaten der mit Δ gekennzeichneten Kurvenpunkte:
I = 250 A; Q_{PN_2} = 15 Nl/min; Q_{FN_2} = 3 Nl/min;
d = 5 mm; l = 19,5 mm; a_E = 3 mm; z = 1/2;
s = 120 mm; G = 6 g/min

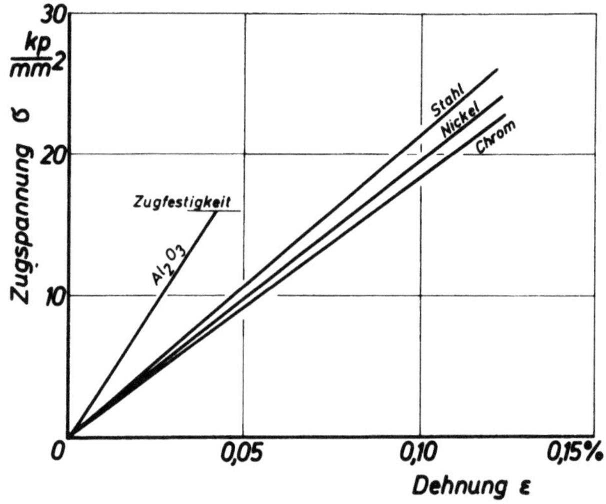

Abb. 84: Spannungs-Dehnungs-Diagramm bei Raumtemperatur für verschiedene Werkstoffe [145]

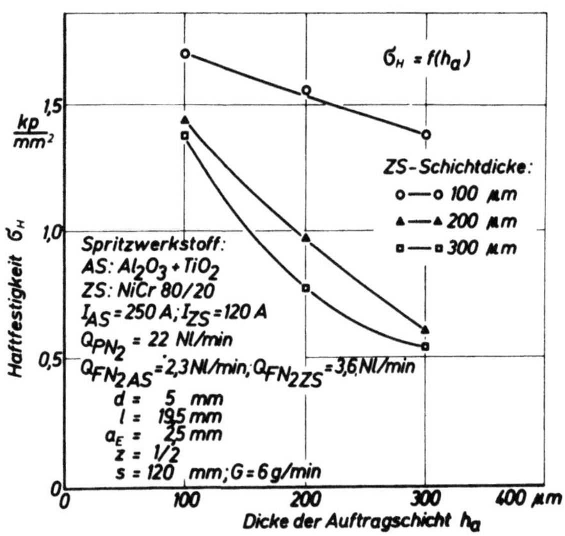

Abb. 85: Haftfestigkeit σ_H von Al_2O_3 Spritzschichten mit 2,5 % TiO_2-Zusatz unter Anwendung einer metallischen Zwischenschicht aus NiCr 80/20 in Abhängigkeit von der Schichtdicke h_a

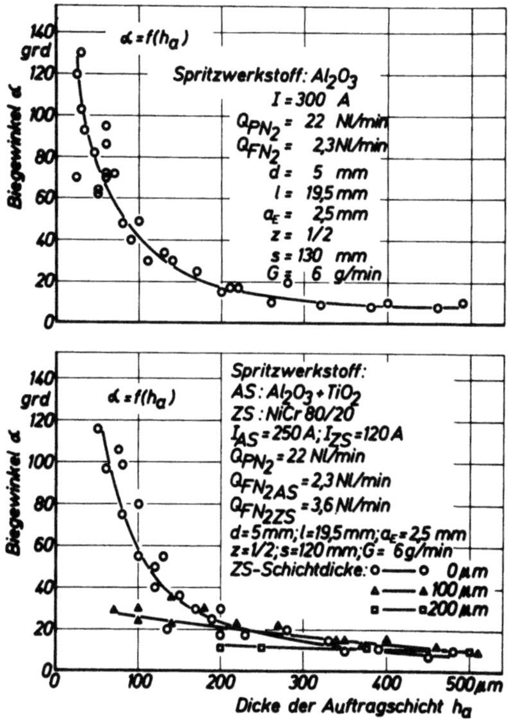

Abb. 86: Biegewinkel α von oxidkeramischen Spritzschichten in Abhängigkeit von der Schichtdicke h_a, Biegedorndurchmesser d_D = 6 mm; Blechdicke a_B = 3 mm; Stützrollendurchmesser D_s = 50 mm; Stützweite L_s = 65 mm

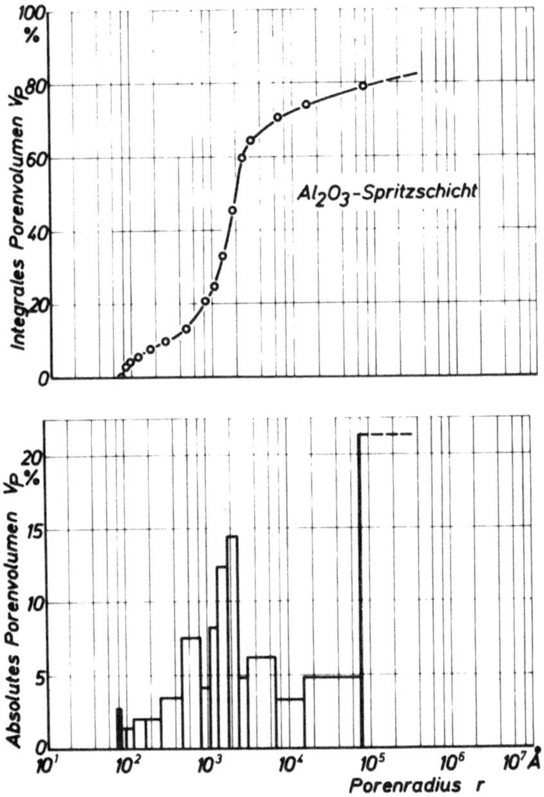

Abb. 87: Integrale und absolute Porenvolumenverteilung einer plasmagespritzten Al_2O_3-Schicht (Porosität ϵ = 12,9 %)
Spritzdaten: I = 250 A; Q_{PN_2} = 15 Nl/min; Q_{FN_2} = 3 Nl/min; d = 5 mm; l = 19,5 mm; a_E = 3 mm; s = 120 mm; z = 1/2; G = 6 g/min

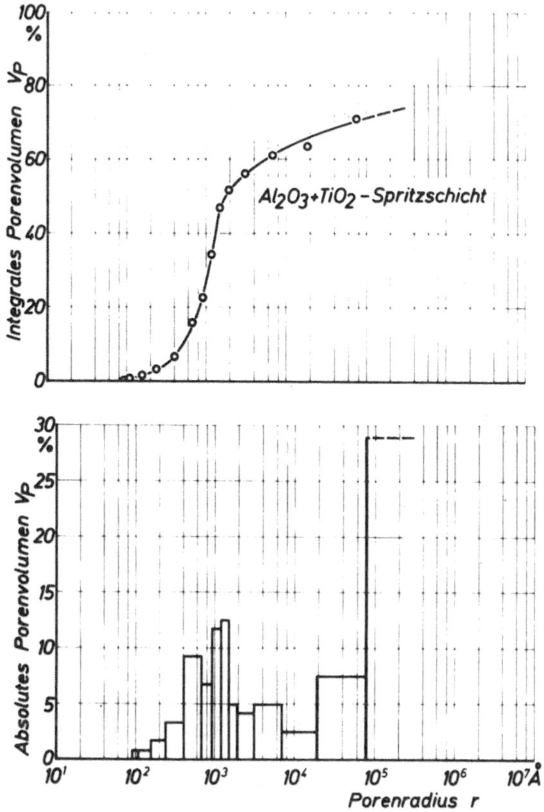

Abb. 88: Integrale und absolute Porenvolumenverteilung einer plasmagespritzten Al_2O_3 + 2,5 % TiO_2-Schicht (Porosität ϵ = 11,3 %), Spritzdaten: I = 250 A; Q_{PN_2} = 15 Nl/min; Q_{FN_2} = 3 Nl/min; d = 5 mm; l = 19,5 mm; a_E = 3 mm; s = 120 mm; z = 1/2; g = 6 G/min

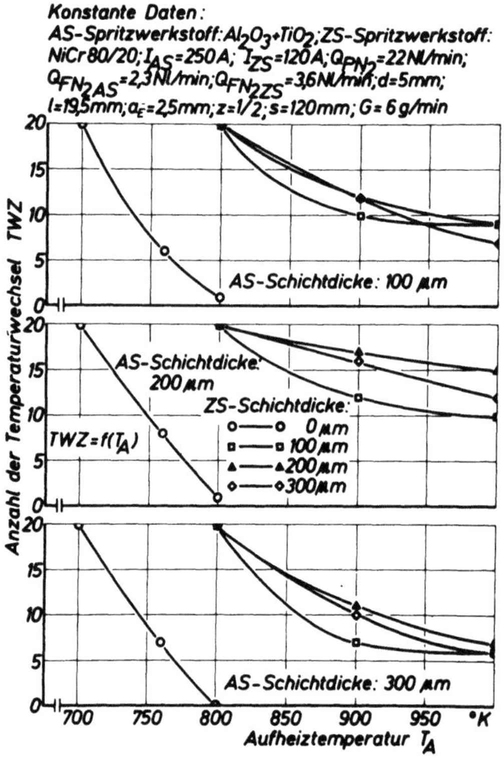

Abb. 89: Abhängigkeit der Anzahl der Temperaturwechsel TWZ von der Aufheiztemperatur T_A bei Al_2O_3 + 2,5 % TiO_2-Spritzschichten für verschiedene Zwischenschichtdicken (Ofenaufheizung mit anschließendem Abschrecken im Wasserbad)

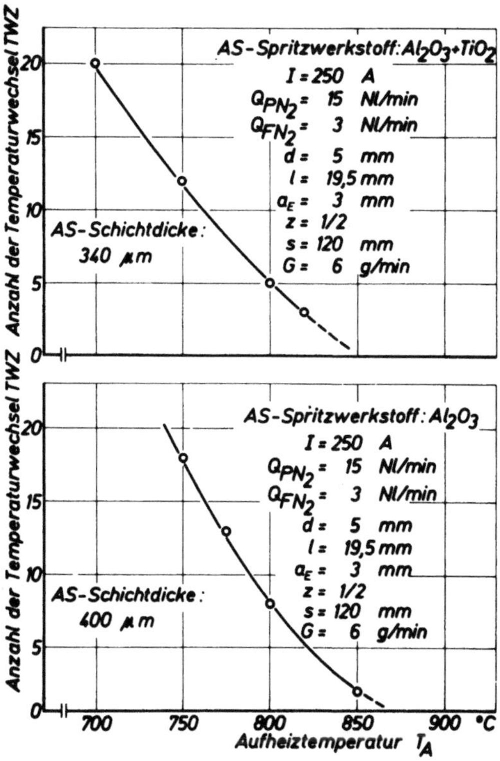

Abb. 90: Abhängigkeit der Anzahl der Temperaturwechsel TWZ von der Aufheiztemperatur T_A bei Al_2O_3 + 2,5 % TiO_2- und Al_2O_3-Spritzschichten (Aufheizung durch Azetylen-Sauerstoff-Flamme mit anschließender Abkühlung durch Druckluft)

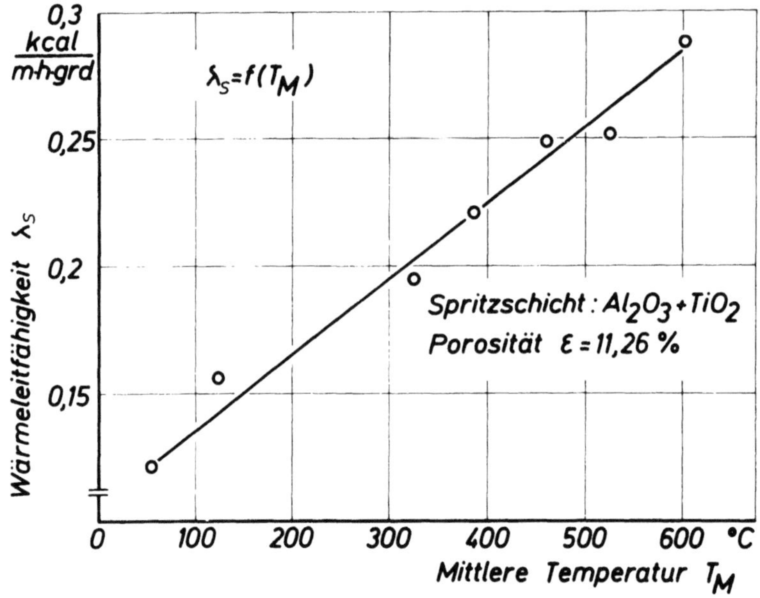

Abb. 91: Wärmeleitfähigkeit λ_s einer Al_2O_3 + 2,5 % TiO_2-Spritzschicht in Abhängigkeit von der Temperatur T_M
Spritzdaten: I = 250 A; Q_{PN_2} = 15 Nl/min; Q_{FN_2} = 3 Nl/min; d = 5 mm; l = 19,5 mm; a_E = 3 mm; z = 1/2; s = 120 mm; G = 6 g/min

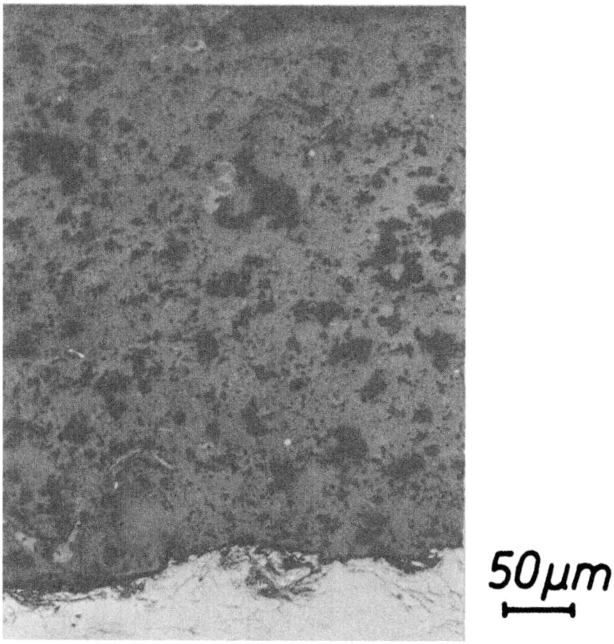

Abb. 92: Querschliff einer plasmagespritzten Al_2O_3 + 2,5 % TiO_2-Schicht; Spritzdaten: I = 250 A; Q_{PN_2} = 15 Nl/min; Q_{FN_2} = 3 Nl/min; d = 5 mm; l = 19,5 mm; a_E = 3 mm; z = 1/2; s = 120 mm; G = 6 g/min

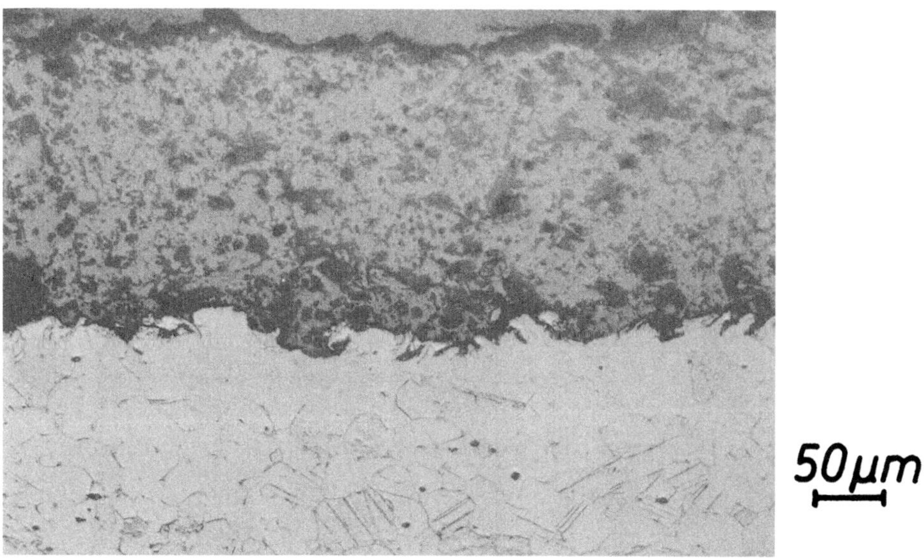

Abb. 93: Querschliff einer plasmagespritzten Al_2O_3-Schicht Spritzdaten: I = 250 A; Q_{PN_2} = 15 Nl/min; Q_{FN_2} = 3 Nl/min; d = 5 mm; l = 19,5 mm; a_E = 3 mm; z = 1/2; s = 120 mm; G = 6 g/min

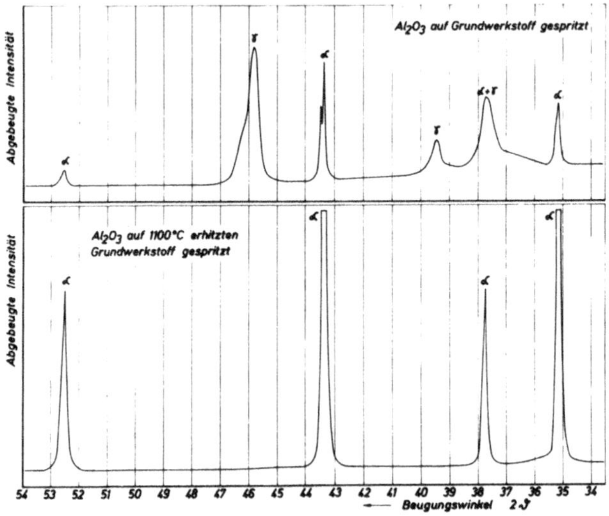

Abb. 94: Pulverdiagramme von plasmagespritzten Al_2O_3-Schichten

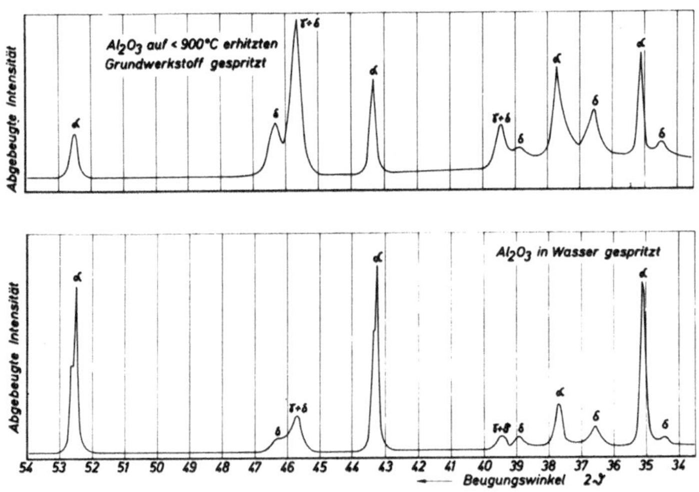

Abb. 95: Pulverdiagramme von plasmagespritzten Al_2O_3-Schichten

Tab. 1: Ergebnisse der Porositätsmessungen
Konstante Spritzdaten: Q_{FN_2} = 3 Nl/min; d = 5 mm; l = 19,5 mm; z = 1/2

Nr.	Stromstärke I [A]	Plasmagasmenge Q_{PN_2} [Nl/min]	Elektrodenabstand a_E [mm]	Spritzabstand s [mm]	Pulverfördermenge G [g/min]	Spritzwerkstoff	Spez. Porenvolumen V_S [cm^3/g]	Dichte ρ_S [g/cm^3]	Raumgewicht Φ_S [g/cm^3]	Porosität ϵ [%]	$\frac{V_{P \geq 75 \cdot 10^3 Å}}{V_P} \cdot 100$ [%]
1	150	22	2,5	120	8	$Al_2O_3+TiO_2$	0,037	3,60	3,17	11,8	9,02
2	200	22	2,5	120	8	$Al_2O_3+TiO_2$	0,035	3,58	3,18	11,1	22,9
3	250	22	2,5	120	8	$Al_2O_3+TiO_2$	0,030	3,58	3,23	9,7	11,6
4	300	22	2,5	120	8	$Al_2O_3+TiO_2$	0,037	3,56	3,15	11,7	24,2
5	350	22	2,5	120	8	$Al_2O_3+TiO_2$	0,034	3,53	3,15	10,7	22,2
6	250	10	2,5	120	8	$Al_2O_3+TiO_2$	0,033	3,64	3,25	10,7	21,4
7	250	15	2,5	120	8	$Al_2O_3+TiO_2$	0,034	3,61	3,21	10,9	22,4
8	250	20	2,5	120	8	$Al_2O_3+TiO_2$	0,034	3,57	3,18	11,0	20,4
9	250	25	2,5	120	8	$Al_2O_3+TiO_2$	0,045	3,61	3,10	14,0	31,2
10	250	22	3,0	120	8	$Al_2O_3+TiO_2$	0,033	3,64	3,25	10,9	22,2
11	250	22	3,5	120	8	$Al_2O_3+TiO_2$	0,032	3,61	3,23	10,4	27,0
12	250	22	4,5	120	8	$Al_2O_3+TiO_2$	0,034	3,65	3,24	11,1	20,5
13	250	22	2,5	80	8	$Al_2O_3+TiO_2$	0,044	3,55	3,06	13,7	29,2
14	250	22	2,5	100	8	$Al_2O_3+TiO_2$	0,039	3,64	3,19	12,5	18,5
15	250	22	2,5	150	8	$Al_2O_3+TiO_2$	0,034	3,68	3,26	11,2	18,4
16	250	22	2,5	180	8	$Al_2O_3+TiO_2$	0,043	3,60	3,12	13,4	24,2
17	250	15	3,0	120	6	$Al_2O_3+TiO_2$	0,035	3,55	3,15	11,3	28,9
18	250	15	3,0	120	6	Al_2O_3	0,041	3,62	3,15	12,9	21,2

Forschungsberichte des Landes Nordrhein-Westfalen

Herausgegeben im Auftrage des Ministerpräsidenten Heinz Kühn
vom Minister für Wissenschaft und Forschung Johannes Rau

Sachgruppenverzeichnis

Acetylen · Schweißtechnik
Acetylene · Welding gracitice
Acétylène · Technique du soudage
Acetileno · Técnica de la soldadura
Ацетилен и техника сварки

Arbeitswissenschaft
Labor science
Science du travail
Trabajo científico
Вопросы трудового процесса

Bau · Steine · Erden
Constructure · Construction material · Soilresearch
Construction · Matériaux de construction · Recherche souterraine
La construcción · Materiales de construcción · Reconocimiento del suelo
Строительство и строительные материалы

Bergbau
Mining
Exploitation des mines
Minería
Горное дело

Biologie
Biology
Biologie
Biologia
Биология

Chemie
Chemistry
Chimie
Quimica
Химия

Druck · Farbe · Papier · Photographie
Printing · Color · Paper · Photography
Imprimerie · Couleur · Papier · Photographie
Artes gráficas · Color · Papel · Fotografía
Типография · Краски · Бумага · Фотография

Eisenverarbeitende Industrie
Metal working industry
Industrie du fer
Industria del hierro
Металлообработывающая промышленность

Elektrotechnik · Optik
Electrotechnology · Optics
Electrotechnique · Optique
Electrotécnica · Optica
Электротехника и оптика

Energiewirtschaft
Power economy
Energie
Energía
Энергетическое хозяйство

Fahrzeugbau · Gasmotoren
Vehicle construction · Engines
Construction de véhicules · Moteurs
Construcción de vehículos · Motores
Производство транспортных средств

Fertigung
Fabrication
Fabrication
Fabricación
Производство

Funktechnik · Astronomie
Radio engineering · Astronomy
Radiotechnique · Astronomie
Radiotécnica · Astronomía
Радиотехника и астрономия

GPSR Compliance

The European Union's (EU) General Product Safety Regulation (GPSR) is a set of rules that requires consumer products to be safe and our obligations to ensure this.

If you have any concerns about our products, you can contact us on ProductSafety@springernature.com

In case Publisher is established outside the EU, the EU authorized representative is:

Springer Nature Customer Service Center GmbH
Europaplatz 3
69115 Heidelberg, Germany

Batch number: 10584556

Printed by Printforce, the Netherlands